新型住宅建造常见问题及防治措施

周长标 著

华中科技大学出版社
中国·武汉

内容简介

本书内容来源于作者多年聚焦住宅工程设计、开发、监管及投诉处理工作实践中积累的大量工程案例,向上剖析设计源头,向下思索应对之策,融入作者思考,归纳汇编成册。书中对以高度集约化为主要特征的新型住宅建造的关键技术、常见问题、产生原因、防范措施、评价体系的分析和论述非常贴合行业实际,对提高住宅工程建设水平具有很好的指导意义。

图书在版编目(CIP)数据

新型住宅建造常见问题及防治措施/周长标著. -- 武汉:华中科技大学出版社,2024.11.
ISBN 978-7-5772-1381-1

Ⅰ.TU241

中国国家版本馆 CIP 数据核字第 2024DN2933 号

新型住宅建造常见问题及防治措施
Xinxing Zhuzhai Jianzao Changjian Wenti ji Fangzhi Cuoshi

周长标 著

策划编辑:李国钦
责任编辑:陈　骏
封面设计:原色设计
责任校对:程　慧
责任监印:朱　玢

出版发行:华中科技大学出版社(中国·武汉)　　电话:(027)81321913
　　　　　武汉市东湖新技术开发区华工科技园　　邮编:430223
录　　排:华中科技大学惠友文印中心
印　　刷:广州一龙印刷有限公司
开　　本:787mm×1092mm　1/16
印　　张:15
字　　数:286千字
版　　次:2024年11月第1版第1次印刷
定　　价:98.00元

本书若有印装质量问题,请向出版社营销中心调换
全国免费服务热线:400-6679-118　竭诚为您服务
版权所有　侵权必究

序一

  住房是重大民生和发展问题,受到广泛关注。经过不懈努力,我国住房建设成就显著,居住条件持续改善,新技术新工艺不断涌现,住宅产业化进程迅速推进。但是,快速发展的装配式住宅遇到诸多瓶颈,建筑工业化推进乏力,智能建造落地困难。

  近年来,住宅工程的技术创新集中在装配式工艺方面。预制墙柱、梁板、凸窗、楼梯等装配式构件的大量使用,有力推动了装配式建筑在住宅工程建造中的广泛应用,在产业政策的支持和鼓励下,当今建设的住宅工程几乎都是装配式建筑。大力发展装配式建筑,走工业化建造的道路是产业结构调整和高质量可持续发展的需要,但"随大流、凑数量"的做法带来的问题也越来越凸显。发展装配式建筑不能为装配而装配,应该是适合装配的装配,不适合装配的现浇。书中,作者对装配式住宅的发展现状进行了深入分析,指出了"真问题",值得工程技术人员关注和思考。

  集约化程度越来越高已成为当今住宅建造的一个显著特征。集约化设计、一体化建造、精细化管理共同推动住宅的产业化进程,但在住宅宜居性能方面仍存在一些问题。书中,作者对居民广泛反映的问题进行了深入调研,反复推敲,指出问题的症结出在高度集约化建造背景下,执行规范的具体条文而忽略其思想原则所造成的矛盾,尤其是大面积执行条文下限的累积效应对住宅性能的影响很大,也是广大居民意见最多的地方。为有效解决上述问题,作者创新性地提出住宅性能品质评价的方法,建立了评价体系,并结合工程实例详细阐述评价过程,对提高住宅的宜居性能具有借鉴意义。

  非常高兴能够看到一线的工程技术人员能有如此的社会责任感和职业敏感度,坚持实事求是,敢于"说真话、做实事",勇于发现和解决"真问题",难能可贵。我国的住房事业任务艰巨,离不开顶层设计,更离不开广大基层技术人员的辛勤努力。听一听来自一线的声音,用事实说话,敢于质疑和批判,让技术创新既能翱翔天空,又能脚踏实地,既要瞄准科学前沿,又能解决实际问题,这样才能真正促进装配式建筑高质量可持续发展。

  直面讨论,会诊问题,关注行业发展,勉励青年,提升自我,是为序!

中国工程院院士
清华大学土木系教授:聂建国

序二

　　本人作为住建领域专家,经常参与住房建设施工、交付环节问题和矛盾的处理,书中几个案例我也曾参与论证,这样和作者自然就熟悉了。在问题处理过程中,多了一些从购房者角度再次审视住宅工程性能、品质的机会,发现购房者对住宅的要求多种多样,虽然绝大部分还是比较朴素,但仍有少量冲破规范条文的束缚,直指问题的更深处。在大部分住宅工程中,设计人员普遍可以做到合规设计,但对住宅性能的设计与购房者所要求的好房子之间尚有一定差距。这里的合规,在某些项目上可能仅是对规范具体条文的符合,而不能完全达到规范编制思想里所期待的性能要求。随着购房者对居住条件的要求越来越高,住宅工程建设的精细化程度也越来越高,需要各专业之间通力合作,密切配合,要充分站在居住使用的角度精心规划和设计。现实工程中某一专业上的缺陷和短板,除了自身原因外,往往也受到其它专业的影响或制约,牵一发而动全身。目前大部分的著作都是分专业论述,缺乏专业间联动解决实际问题的广度。本书作者从全过程建造的视野,各专业协调配合的角度,悉心研究,剥茧抽丝,发现了一批典型问题,总结了一些探索经验,提出了不少有针对性的措施。特别是对装配式建筑的技术、政策、问题的全面审视和深刻剖析,提出了破解思路,更是令人敬佩。

　　住房建设既是经济活动,也是民生问题,在现有规则下采取集约化建设模式,开发商追求更大的经济效益也无可厚非,但集约化程度及其对住宅性能的影响亟须受到正视和评价。在经济指标测算后,开发商一定会将集约化程度拉到规划指标规定的最高值,高水平和负责任的设计会将集约化和高密度对住宅性能的影响尽量降低,但低水平和不负责任的设计会留下明显缺陷或短板,这些在设计阶段欠下的"债",到了交付阶段都是要还的。近年来,在交付阶段频繁爆发的维权事件很多都指向住宅性能的短板和设计的不合理之处。不计代价提高住宅性能和品质的做法不科学也不现实,也不应该是大家追求的目标,但对于那些不需要增加造价,或者仅仅增加有限的造价即可明显提升住宅性能的要求应该得到尊重,这是居民逐步改善居住条件的现实愿望,也是我们不断提高住房建设水平的必经之路。书中对该问题的探索非常有意义,建立的评价体系很有开创性,通俗易懂,易于操作,值得推广。

　　本人在处理实际问题的过程中,经常接触到一些主管部门的工程技术人员,本书作者长标同志就是其中非常专业、也非常勤勉的一位。长标在大型建筑设计院工作多年,有着扎实的专业功底,对工程技术和施工工艺也非常熟悉,具有丰富的设计及处理问题的经验,能够在事件发生之初迅速做出正确预判并妥善处理。更加关键的是可以在第一时间将复杂的专业问题转化成通俗的语言向群众做出客观详实的解释,避免事态在模糊不清中被盲目猜测放大,进一步发酵恶化,这一点没有深厚的理论知识和深刻的专业参悟是很难做到的。让我想不到的是长标在繁忙的工作之余还总结了这么多案例,思考了这么多问题,进行了这么多有意义的探索。作为工程建设战线上的一名老将,特向行业推荐这本书,更向年轻工程师们推崇这种勤勉务实的专业态度和刻苦钻研的学术精神。

勘察设计大师:张良平

前　　言

住，生命之需；宅，期许也！住宅是生活的载体，对美好生活的向往，从住好房开始。世上有两座房子，一座在工地，一座在民众心中。行业与民众对"好房子"理解上的偏差，是当今住房领域矛盾的根源。

当普通民众不得不去研究规范的具体条文的时候，表示仅凭规范的思想和原则已不能完全承载民众对"好房子"的期许，必须要到具体条文中去寻找答案了。当开发商和设计院用"我们的设计不违反规范"去解释民众对不合理设计的质疑时，规范的思想和原则已被抛之脑后，只留下干巴巴的条文来"背锅"。

近年来，住宅工程供需双方矛盾的焦点，表现在对"不违反规范标准的不合理之处"的认识和理解上。"不违反规范标准"不等于"满足规范标准"，不违反的只是规范标准的明确条文，不是规范标准的思想和原则。满足规范标准，应该既满足规范标准的明确条文，又要遵守规范标准的思想和原则。住宅工程中仍然存在较多的"不违反规范标准的不合理之处"，这是规范标准条文的缺失，但绝不是规范标准思想和原则的缺位。出现了"明显的不合理之处"，要么是设计师的水平问题，要么是开发商出于成本等其他方面考虑的故意为之。在房价一片向好的年代，购房者对"不合理之处"容忍度高，而开发商的容忍度低，在房价下行时，恰恰相反，这就是矛盾的焦点。

"高度集约化"是当代新型住宅建造最突出的特征。"高密度""高塔式""高投入""高产出""高周转"和"简约化设计"的"五高一简"运营策略，以及一体化建造、装配式施工、精装修交付的工艺选择，共同组成了新型住宅建造的主要模式。该模式推动了住宅产业化进程的快速发展，同时也导致了住宅产品和住房市场一系列问题的出现。

本书首先回顾了住宅工程建造工艺二十年变革之路，总结了当前住宅工程集约化建造的特点和关键技术；之后，分章节详细阐述了新型住宅建造的结构问题、装配式住宅发展现状与展望、影响居住体验的建筑设计细节、住宅卫生间设计及防渗漏措施；接着，结合深圳住宅产品的特点及常见问题，提出住宅性能品质量化评价体系，并通过工程实例验证评价体系的合理性和科学性。书中引用的大量工程案例，皆来自作者亲身经历的实际工程,对这些案例剖析后所提出的防范措施对提高住宅工程建造水平具有很好的指导意义。感谢住宅工程设计师、建造者、物业管理人员、购房者的建议反馈,感谢单位领导、同事及同行们的帮助与支持。然,一家之言,不足之处,敬请批评指正!

作者

2024 年 9 月于深圳

目　　录

第1章　住宅工程建造工艺二十年变革之路 ……………………………(1)
　1.1　标杆企业引领住宅建造工艺技术创新 ……………………………(2)
　1.2　产业政策推动装配式住宅快速发展 …………………………………(4)
　1.3　市场主体努力尝试新型建造工艺 ……………………………………(6)

第2章　新型住宅建造的特点及关键技术 ……………………………(8)
　2.1　新型住宅建造的特点 …………………………………………………(9)
　2.2　住宅工程十项新技术 …………………………………………………(12)
　2.3　住宅工程五项"伪技术" ……………………………………………(24)

第3章　装配式住宅发展现状与展望 ………………………………(31)
　3.1　三驾马车驱动装配式住宅快速发展 …………………………………(32)
　3.2　装配式住宅的评分规则 ………………………………………………(33)
　3.3　装配式住宅的经济指标 ………………………………………………(35)
　3.4　住宅装配式构件组合的原则 …………………………………………(37)
　3.5　装配式住宅面临的困境与出路 ………………………………………(39)
　3.6　模块化高层住宅试点建造 ……………………………………………(41)

第4章　新型住宅建造的结构问题 ……………………………………(52)
　4.1　全混凝土外墙对结构刚度的影响问题 ………………………………(53)
　4.2　塔楼嵌固与多塔结构问题 ……………………………………………(58)
　4.3　施工现场的结构回顶问题 ……………………………………………(62)
　4.4　铝模和预制构件工艺带来的梁筋绑扎问题 …………………………(67)
　4.5　住宅楼板开裂与配筋问题 ……………………………………………(75)
　4.6　混凝土强度及检测问题 ………………………………………………(81)
　4.7　结构实体混凝土强度三维离散试验 …………………………………(92)

第5章　新型住宅建造的建筑设计细节 ………………………………(112)
　5.1　强降雨对设计的检验 …………………………………………………(113)
　5.2　对小区大门的争议 ……………………………………………………(116)
　5.3　被忽视的归家路线 ……………………………………………………(119)
　5.4　设在屋顶的社区公园 …………………………………………………(123)

  5.5 "漏斗风"的影响 ··· (125)
  5.6 难以保证的自然通风 ··· (127)
第 6 章 住宅卫生间设计及防渗漏措施 ································· (129)
  6.1 住宅卫生间的平面布局 ··· (130)
  6.2 住宅卫生间的竖向布局 ··· (133)
  6.3 住宅卫生间渗漏的主要形式 ····································· (137)
  6.4 住宅卫生间防渗漏关键措施 ····································· (140)
  6.5 住宅卫生间防渗漏创新与展望 ··································· (144)
  6.6 住宅卫生间同层窜水的案例分析 ································· (145)
第 7 章 住宅工程性能品质评价 ····································· (148)
  7.1 国家标准《住宅性能评定标准》简介 ····························· (149)
  7.2 新型住宅性能品质量化评定体系 ································· (151)
  7.3 新型住宅性能品质量化评定工作的实施 ··························· (164)
  7.4 住宅项目性能品质评定举例 ····································· (165)
后记 ··· (229)

第 1 章
住宅工程建造工艺二十年变革之路

从业二十年,正好见证了住宅工程建造工艺加速变革的二十年。从业之初,住宅工程的建造方式还停留在木模现浇、砌筑抹灰、毛坯交付等传统工艺上,设计与施工之间往往相互隔离,一体化建造和精细化施工的理念也少有人提及。

传统工艺的弊端已严重影响住宅工程质量水平的提高,一些标杆企业开始探索新型住宅建造工艺。这二十年变革之路的前十年,基本上处于新型建造工艺的探索试验阶段,工程实际应用相对较少。直到铝合金模板的出现,大幅提高了现浇结构的施工精度,才使得装配式构件得以在现场广泛使用,从而开启了住宅建造工艺加速变革的后十年。

1.1　标杆企业引领住宅建造工艺技术创新

提起住宅建造工艺创新,不得不说万科。

2004年,万科与日本前田建设合作,引进日本PC工法和技术,从日本进口部分材料和设备,准备在国内复制日本的住宅产业化技术和生产方式。万科先在第五园建造"1号工业化实验楼"(图1.1),后又在东莞松山湖基地建造"4号工业化实验楼"(图1.2)。但经过几栋试验楼的实践探索,万科发现复制日本模式难度很大,预制柱和预制梁缺乏规范支撑、套筒灌浆等技术还不成熟,内墙板资源、装修材料还相当匮乏,项目推动缓慢。

图1.1　万科1号工业化实验楼

图1.2　万科4号工业化实验楼

2008年,深圳第一个住宅工业化项目——万科第五寓(图1.3)开工,住宅工业化探索从试验向实践迈出了一大步。项目建筑面积1.4万平方米,采用框架结构,预制构件包括叠合梁(部分)、叠合楼板、预制楼梯;结构柱采用小钢模板现浇;外墙板采用预制后挂,无砌体,不抹灰;室内装修采用全装修交付。通过该项目,深圳万科初步形成了"内浇外挂"的工业化体系,积累了建筑工业化的宝贵经验,同时也遇到成本高、技术瓶颈等难题。

2010年,万科进一步优化"内浇外挂"体系,将预制外墙板与主体结构之间的连接方式由"机械连接"升级为"钢筋锚固",即先吊装就位外墙板,预留锚筋穿入钢筋笼,再浇筑内侧现浇结构。该体系在龙悦居三期项目上成功使用,基本上确定了深圳建筑产业化的原型,具有划时代的意义。

2011年,万科在第五园七期采用"铝模+全混凝土外墙+自升式爬架"建造工艺,外墙无砌筑,混凝土内外墙取消抹灰,砌筑内墙薄抹灰。工程质量和效率提升明显,颠覆了"木模+砌砖抹灰+脚手架"的传统建筑施工方式,突破了"工业化就是预制"的概念瓶颈,找到一种符合行业发展趋势、技术容易实现、可大规模推广的工业化方式。

图1.3 万科第五寓

图1.4 万科翡丽郡

2012年,万科在翡丽郡(图1.4)和公园里项目上引进预制内隔墙条板,终于实现了内外墙全部取消抹灰,取得二次结构干法施工的重大突破。之后又在双月湾项目上引进整体卫浴。至此,万科开创的住宅产业化新型建造工艺"五大技术"已全部亮相,即铝模现浇、预制外墙、装配式内墙、整体卫浴和自升式爬架。

又经过几年的不断打磨,到2016年,万科装配式住宅建造体系2.0版基本成熟,即"铝模现浇+全混凝土外墙+外挂预制凸窗+预制楼梯阳台叠合板+自升式爬架+内外墙免抹灰+精装修交付",并在金域领峰和万科星城等项目上全面推广,基本完成了新型住宅建造工艺的探索,探索历程如图1.5所示。

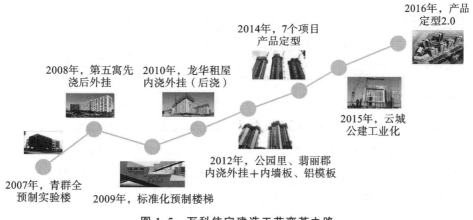

图1.5 万科住宅建造工艺变革之路

1.2　产业政策推动装配式住宅快速发展

在装配式住宅新型建造工艺关键技术不断攻克的基础上,政府主管部门开始发挥规划引导和政策支持作用,加强法制保障和宣传导向,形成有利的体制机制和市场环境,促进市场主体积极参与、协调联动,有序发展装配式建筑。

2016年2月6日,中共中央、国务院印发《关于进一步加强城市规划建设管理工作的若干意见》,提出"发展新型建造方式",要求大力推广装配式建筑,减少建筑垃圾和扬尘污染,缩短建造工期,提升工程质量;制定装配式建筑设计、施工和验收规范;完善部品部件标准,实现建筑部品部件工厂化生产;鼓励建筑企业装配式施工,现场装配;建设国家级装配式建筑生产基地;加大政策支持力度,力争用10年左右时间,使装配式建筑占新建建筑的比例达到30%;积极稳妥推广钢结构建筑;在具备条件的地方,倡导发展现代木结构建筑。

时隔半年,2016年9月27日,国务院办公厅印发《关于大力发展装配式建筑的指导意见》,明确"鼓励各地结合实际出台支持装配式建筑发展的规划审批、土地供应、基础设施配套、财政金融等相关政策措施"的实施办法。装配式住宅发展进入快车道。

2017年3月23日,为贯彻落实国务院办公厅《关于大力发展装配式建筑的指导意见》,住建部印发《"十三五"装配式建筑行动方案》,同年4月12日,广东省政府办公厅印发《关于大力发展装配式建筑的实施意见》,提出"将珠三角城市群列为重点推进地区,要求到2020年的年底前,装配式建筑占新建建筑面积比例达到15%以上,其中政府投资工程装配式建筑面积占比达到50%以上;到2025年年底前,装配式建筑占新建建筑面积比例达到35%以上,其中政府投资工程装配式建筑面积占比达到70%以上"的工作目标,并要求各地市尽快编制装配式建筑专项规划,同时明确了对装配式建筑给予最高不超过3%面积奖励和提高信贷额度的支持政策。

在中央和省部级等上级政府和主管部门大力推动下,作为装配式住宅原创试验田的深圳,更是蓄势待发。2018年3月5日,深圳市住建局联合规土委、发改委,印发《深圳市装配式建筑发展专项规划(2018—2020)》,提出"到2020年,全市装配式建筑占新建建筑面积的比例达到30%以上,其中政府投资工程装配式建筑面积占比达到50%以上;到2025年,全市装配式建筑占新建建筑面积的比例达到

50%以上,装配式建筑成为深圳主要建设模式之一。到2035年,全市装配式建筑占新建建筑面积的比例力争达到70%以上,建成国际水准、领跑全国的装配式建筑示范城市"的总体目标,并且进一步明确了近期2018—2020年的工作目标为:"2018年起,在新出让的住宅用地项目和人才房、保障性住房项目全面实施装配式建筑的基础上,全市新建居住建筑和建筑面积5万平方米及以上新建政府投资的公共建筑100%实施装配式建筑;2019年起,建筑面积5万平方米及以上新建公共建筑、厂房、研发用房100%实施装配式建筑;2020年起,建筑面积3万平方米及以上新建公共建筑、厂房、研发用房100%实施装配式建筑。"

2018年11月1日,深圳市住建局和规土委联合印发《关于做好装配式建筑项目实施有关工作的通知》,进一步明确了建设、设计、施工、监理、咨询、审图及各级主管部门的具体职责和办事流程,并同期发布《深圳市装配式建筑评分规则》。至此,深圳市关于实施装配式建筑的各种政策文件均已落地,装配式建筑开始大规模开工建设。

1.3 市场主体努力尝试新型建造工艺

截至目前,深圳已累计开工装配式建筑1.05亿平方米,其中2023年上半年新开工1102.3万平方米,占新建建筑面积的比例为53.89%,建设规模和占比均位居全国前列。装配式建筑产业链已覆盖建设、设计、施工、部品部件生产、科研教育等各领域,行业企业数量持续增长,造就了一批龙头企业,孵化培育了国家级装配式建筑产业基地13个、省级基地29个、市级基地47个,打造了一支由院士、大师领衔的239人的高水平专家队伍。深圳市率先创设装配式建筑多工种、系列化工人实训,建成省内首批8家装配式建筑实训基地,培养出一批产业工人和"明星班组"。

成绩的取得,离不开标杆企业的创新引领、主管部门的支持引导以及普通企业的热情参与。对于各种新型建造工艺,有的被行业真心接受并自觉选用,如铝合金模板、全现浇外墙、ALC墙板、自升式爬架等;也有的是因为被政策裹挟、无奈选用的,如预制叠合板、叠合剪力墙、钢筋桁架板、预制外墙板等。参建企业之中,既有努力追求、真心拥抱装配式的时代先锋,如深圳万科、华阳国际、中建海龙、中建科技等,也有被动参与、顺应潮流的中小企业。

住宅工程是最先采用装配式建造工艺的领域之一,且自2018年起,深圳全市新建住宅工程100%实施了装配式建筑。项目立项后,建设单位应当要求设计单位按照《装配式评分规则》进行装配式建筑设计,在设计文件中对装配式建筑技术评分进行专篇说明,并落实到各专业施工图中。在项目初步设计完成后,建设单位应当按照《装配式评分规则》进行装配式建筑设计阶段评分,编制装配式建筑项目实施方案,并进行专家评审。在项目施工阶段,建设各方责任主体应当严格按通过评审和审查的施工图设计文件和装配式建筑项目实施方案进行施工。在项目竣工验收阶段,建设单位应当按照竣工验收资料重新复核技术评分,在工程竣工验收报告中对装配式建筑技术评分进行专篇说明,作为竣工验收备案的材料之一。

回顾万科对新型住宅建造工艺的探索之路,无不从行业自身痛点出发,寻求更好的解决办法。为取消费工费料、容易空鼓开裂的墙面抹灰,万科推广了铝模体系和内隔墙条板;为有效减少外墙的开裂渗漏,取消高空外脚手架的使用,万科采用了全现浇外墙,配合自升式爬架一遍成活;为降低现浇凸窗的施工难度,控制施工精度,万科发明了预制凸窗墙板;为有效解决卫生间渗漏,提高施工效率,万科推广了整体卫浴。这就是装配式住宅的"万科模式"。

但是，根据现行的装配式建筑评价打分规则，简单实用的"万科模式"却难以获得高分，项目若要开工，只能无奈去"凑分"。因此，最便宜的叠合板（图1.6）被广泛应用，原本只有十几厘米厚的混凝土楼板，硬是分两层来做，一半在工厂预制，一半在现场浇筑，这种做法虽然被美化为"省模板"，但实际上采用叠合板所增加的费用足够购买几套模板，而且还导致梁筋绑扎困难重重，梁筋绑扎质量下滑严重。更有甚者，在现浇山墙外侧再满挂20 cm厚的预制混凝土实心外墙板（图1.7），这种外墙板既不具备剪力墙的承载力，也不是围护结构或装饰构件，反而增加了结构自重，使构造变得复杂，还增加了费用，只为迎合预制装配率在评价体系中的那寥寥几分。

图1.6　叠合板

图1.7　外挂混凝土实心墙板

去掉政策扶持，仍被行业广泛采用的技术才是真技术。挤掉泡沫，摒弃浮夸，回归实用，才是新型住宅建造模式得以健康发展的良好环境。

第 2 章
新型住宅建造的特点及关键技术

第 1 章回顾了我国住宅建造工艺的二十年变革之路，本章将阐述新型住宅建造的特点，并详细探讨支撑这些特点的关键技术。

质量提升靠的是技术革新。二十年前，商品混凝土取代现场搅拌，使结构安全上了新台阶；十年前，铝模的推广让混凝土的浇筑质量和观感质量得到大幅提升；近年来，全混凝土外墙的应用进一步增强了住宅外墙抗裂防渗的能力。所以说，质量提升要靠技术革新。在技术革新的大框架下，实施一些小的技术创新和技术措施，也能够让工程质量有小步快跑式的提升，我们一并称之为实用新技术。

经过二十年的升级换代，住宅建造工艺已逐渐在更高水平上相对稳定下来，一批经过实践检验的技术创新和技术措施被行业认可和接受，成为新时期住宅建造的关键性新技术。本书结合工程实践，总结提炼出新时期住宅工程的十项实用新技术。当然，在新技术的推广过程中，难免会出现鱼龙混杂的情况，经过我们的认真比较和反复研究，本书也给出了住宅工程五项"伪技术"，供大家评判。

2.1 新型住宅建造的特点

新型住宅建造的特点,是"高度集约化"。在这一建设模式下,简约化设计逐渐占据主导地位,一体化建造逐渐成为开发企业的必备能力,装配化施工的条件逐渐成熟,精装修交付逐渐占据住房市场的主流需求。

2.1.1 集约化建设

集约,原指农业生产中在同一面积的土地上投入较多的生产资料和劳动进行精耕细作,用提高单位面积产量的方法来增加产品总量的经营方式。笔者认为这个词非常适合描述我国新型住宅建造的特点。现在的住宅项目,何尝不是在有限的土地面积上投入大量的人力、物力进行"精耕细作",努力提高单位面积上的住宅产出,来增加产值。

(1) 集约化建设的"高密度"。

高密度是新型住宅建造的显著特点,全国住宅项目的建设密度整体都在拔高。深圳住宅容积率平均每 5 年提高 1.0,目前已全面超越 6.0(图 2.1(a)),而且这还只是"规定容积率",在这之外,还有"核增面积""不计面积"和"不计容面积"等未参与计算的部分。此外,深圳还发明了"一级覆盖率"和"二级覆盖率"的概念,将设计为地下室功能的半地下室,既不计入容积率,也不计入覆盖率。因此深圳住宅的实际密度远不是规定容积率所能完全体现的。

(a)   (b)

图 2.1 深圳的住宅楼

（2）集约化建设的"高塔式"。

高层塔式住宅楼是集约化建设的另一个显著特点（图2.1(b)）。深圳的住宅一直在"长高"：2000年之前以不设电梯的多层住宅楼为主；新世纪的第一个十年，住宅楼"长高"到60米，以18层以下小高层居多；第二个十年，住宅楼已冲至百米，少有百米以下的新建住宅楼；进入第三个十年，住宅的平均高度已接近150 m，高度为200～250 m的住宅楼也在建设中。从利于采光、通风、节能的舒适性要求来说，坐北朝南的板式住宅楼是最佳布置，然而，高层、超高层的塔式住宅楼已占据绝对主导地位，逐渐将板式住宅楼挤出新建住宅的行列，这种情况在深圳尤为明显。这也是"集约化"建设的必然结果。首先，塔式住宅楼更利于结构抗震，技术上更能"拔高"住宅楼的高度；再者，塔式住宅各户型紧紧围绕在核心筒四周，竖向交通设施利用率更高；最后，高层塔式住宅更利于标准化，统一的平面布置，统一的标准层，统一的户型和构件，都是集约化大生产的需要。

（3）集约化建设的"高投入"。

"高密度"带来"高投入"。过去一个施工合同往往总共才几千万元，现在仅土建合同就超过几亿元，还有门窗、机电、装修、电梯、园林等合同未包含在内；各专业划分更细，设计费用更高，开发商自己的管理团队也越来越庞大，越来越专业。除此之外，开发商还需要支付庞大的土地费以及承担资金成本、宣传成本、销售成本、客服成本等。

（4）集约化建设的"高产出"。

"高投入"对应"高产出"。同样10000 m²的土地，过去往往只能提供100套左右的住房，现在可以提供300套、500套，甚至800套住宅。

（5）集约化建设的"高周转"。

"高投入"的压力催生出"高周转"。许多地产开发商明确要求"招拍挂土地"摘牌以后的当天必须进场开工，并为之后的开盘、预售、封顶、竣工制定了时间表，倒排了工期。早开工、早预售、早交付，少用时、少利息，降低成本，"高周转"模式在地产界高速运转。

2.1.2　简约化设计

住宅的设计风格也是由集约化建设模式所决定的。集约化建设模式成规模之前,"欧陆风情""地中海小镇""东南亚风格"的住宅产品随处可见;集约化建设模式席卷之后,这些多样化的风格逐渐消失,只剩下以实用为主的"现代简约"风格。无论室内还是室外,拉低集约化生产速度和效率的风格全部被扼杀,取而代之的是"摘帽子""除腰带""去弯取直"。现在的住宅楼,几乎全部长成了十年前的"万科模样",笔直的涂料外墙、整齐划一的外窗、简简单单的平屋顶以及现代简约的装修。

2.1.3 一体化建造

土地招拍挂之前,方案设计已基本确定,测算工作也已经完成,建设规模、建设等级、所采用的系列、装配式组合方式、主要施工方案以及装修标准都已经一体化考虑了。一体化设计、一体化施工是集约化建设团队必备的素质和能力。如果还像以前那种设计与施工相隔离、土建与机电相隔离、主体与装修相隔离、地下与地上相隔离、建设与交付相隔离的做法,是不可能实现集约化大生产的。

2.1.4 装配化施工

新型住宅基本上都是装配式建筑,采用了不同程度的装配化施工工艺,比如铝模、预制凸窗、预制叠合板、内隔墙板等。装配化施工是大势所趋,是国家和行业的战略方向,在政策引导下,新型住宅基本都走上了装配化施工的道路。

2.1.5 精装修交付

精装修交付是一体化建造的内容之一,更是集约化建设的必然。过去的毛坯交付实际上并没有将一个完整的住宅产品建设完成,导致住宅建设做不到全流程,更做不到精细化,还是徘徊在粗放阶段,集约化便无从谈起。补上精装修交付这最后一环,一体化设计和一体化施工才可以走得通,避免了建造流程中没必要的中间环节,提前了工序之间的穿插。集团化采购,大批量订制,既节约了成本,又提高了效率,还推动了标准化,最能体现集约化建设的特点。

2.2 住宅工程十项新技术

本书从推动住宅工程新型建造工艺变革的角度出发,结合对工程质量提升的实际作用,评出住宅工程十项实用新技术,包括铝合金模板、全混凝土外墙、预制凸窗、预制楼梯、预制沉箱、ALC墙板、楼板双层双向通长配筋、预埋止水节、模块化建造和三维激光扫描测量技术。

2.2.1 铝合金模板

铝合金模板,简称铝模,起源于20世纪50年代的美国,后由墨西哥、巴西逐步引入马来西亚、韩国、日本、印度等国,并在后续的发展中得到了广泛应用,多用于高层住宅建筑施工中(图2.2)。我国在2000年引进铝合金模板,代替原有的竹胶合板、木模板、钢模板等,并在沿海城市逐步推广应用,较早在广东佛山等地建有铝模制造厂。

图2.2 铝合金模板

2011年,深圳万科在珠海中信红树湾项目考察时发现了铝模,在进一步考察了香港、澳门项目和珠三角的铝模生产厂家之后,初步判断铝模技术先进、成本可控、供应有保障,可以大幅提高浇筑质量和施工效率,值得进一步推广。于是深圳万科迅速引进,并在千林山居二期项目上应用。事实证明,这项技术是开创住宅工程新型建造模式的一块关键拼图,是支撑以装配式为核心的建筑工业化不断前行的关键技术。所以,本书将其排在住宅工程十项新技术之首。

如果建筑业要走工业化的道路,铝模就是"机床",将竹木模板的"农耕时代"拖入工业化的大门。"铝模机床"浇筑出来的混凝土结构,类似于工业产品的"主板",其精度和观感满足工业化装配的要求,能实现预制构件的"即插即用"。所以,自铝模得到广泛应用之后,住宅产业的工业化道路才真正得以走通。2016年,住建部颁布了行业标准《组合铝合金模板工程技术规程》JGJ 386—2016,装配式住宅驶入发展快车道。

铝模体系包括铝模板、支撑、加固件、早拆装置及其他配件等,其受力体系与传统木模不同。传统木模体系,模板与架体分别计算,模板只将竖向荷载传递给架体,由架体承担所有的竖向和横向荷载,因此传统木模体系的架体相对复杂。而铝模体系的铝模板才是受力的关键构件,承担了几乎所有的横向力和大部分的竖向力,因此铝模的立杆要简洁的多,往往连横杆都没有。铝模的受力体系类似于"框架-剪力墙结构",铝模板拼装而成的墙柱模类似于"剪力墙",承担着几乎所有的水平荷载和大部分的竖向荷载,在梁模的横向联系下保证铝模体系的稳定。立杆类似于"框架柱",只承担部分的竖向力。早拆时,该体系能充分利用混凝土的早期强度代替墙柱梁模承担部分水平和竖向荷载,仅在跨度大的梁板下保留立柱支撑。

铝模体系有强度高、重量轻、周转多、损耗小、定位准、观感好、易操作、上手快等特点,最重要的一点是其结构体系安全性好,所以一经引入,便被建筑行业广泛采用。

2.2.2 全现浇外墙

全现浇外墙,指的是高层、超高层住宅工程的外墙全部采用混凝土现浇,取消砌筑抹灰,主体结构采用爬架一次成活,封顶后下吊篮对外墙进行装修施工的工艺(图 2.3)。该做法统一了外墙的材料类型,消除了砌筑墙体及交接部位容易开裂的弊端,外墙一次性浇筑,有效提高了外墙抗裂防渗的能力。同时,该做法也省去了通高搭设外脚手架,提高了施工效率,简化了施工外立面。此项技术先后受到万科、京基、华侨城等大型地产企业的欢迎,迅速成为高层住宅项目的标配。

该项技术虽然多浇筑了混凝土,但减少了外墙的工艺工序,有利于施工组织,也省掉了外脚手架的费用,经济上反而更有优势。尤其是将外窗周边的零星砌筑墙体全部优化成混凝土整浇,利于对外窗洞口尺寸进行控制,对减少外窗周边渗漏起到关键作用。

该项技术最大的问题在于结构计算,将外墙上的砌筑墙体全部优化成混凝土现浇的做法改变了结构的刚度分布,可能导致地震作用下结构的扭转不规则,进而造成结构较早进入开裂破坏状态,影响结构安全和正常使用。该部分内容将在后续章节中专题研究。

图 2.3　全现浇外墙

2.2.3　预制凸窗

凸窗设计因具备面积优势而在住宅工程上被广泛采用,但其构造复杂,成为施工中的一项难点。尤其是在传统的木模时代,现浇凸窗的质量较难控制。遵循装配式的理念,应该将复杂的节点优先工厂化,所以凸窗第一个被点名做成预制构件。凸窗在现场浇筑存在困难,但在工厂预制则相对简单,质量也有保证。预制凸窗真正的难点是体现在与现浇结构的连接上。

两者最初的连接方式是机械连接,类似于幕墙单元板块,主体结构上预埋连接钢板,采用挂件和螺栓进行连接,但这样会导致防水封堵难度变大。后来连接方式升级为先预留锚筋,然后在浇筑时与内侧结构构件连成整体,实现无缝连接,基本解决了防水封堵的难题。当前项目基本都采用这种连接方式。

预制凸窗(图 2.4)与现浇凸窗相比,预制凸窗与主体结构的连接与现浇凸窗整浇相比会弱一点,对结构刚度的影响也会相对弱一点。

当前,预制凸窗使用率低于预制叠合板,基本上是每户仅采用一个,这主要是出于造价方面的考虑。然而,预制凸窗能够解决实际问题,比预制叠合板更有意

图 2.4 预制凸窗

义。预制凸窗很少发生渗漏,即使有,大多也是细节处理不当造成的,还有少数是锚筋连接问题。

2.2.4 预制楼梯

预制楼梯与预制凸窗类似,同样存在构造复杂,现场施工困难的问题,但由于它处在室内,没有防水问题,因此是理想的预制构件(图 2.5)。但在目前的住宅工程中,预制楼梯的使用率不但比不上预制叠合板,也比不上预制凸窗,造成这种情况主要有以下几个原因。

图 2.5 预制楼梯

(1) 预制楼梯重量比凸窗和叠合板都大,对塔吊吊力要求更高,往往需要安装更大型号的塔吊,增加机械费用。

(2)结构上,现浇楼梯,尤其是剪刀梯还可以作为斜撑构件使用,对提高结构的抗震性能有利,但改成预制楼梯后,其梯段为一端铰接一端滑动,不再具有斜撑的作用。

(3)施工组织上,预制楼梯要在上端楼层混凝土浇筑完成之后才能吊装,吊装之前需要先做临时楼梯供工人上下通行之用,吊装前再拆除。不过这个问题影响不大,现场焊接一个简易钢楼梯,在每层预制楼梯吊装之前吊上去临时使用即可,钢楼梯可重复使用。

2.2.5 预制沉箱

卫生间是住宅工程中最为复杂的部位,其渗漏问题一直都是住宅工程通病防治的重点和难点。虽然采取了各种办法和措施,但卫生间的渗漏防治仍然做不到百分百令人放心,还时不时大面积系统性爆发,是住宅工程的通病,也是工程人的心病。

预制沉箱(图2.6)有望彻底解决这一难题。预制沉箱在工厂预制,浇筑质量有保证,养护充分,自防水性能优越。经过优化设计,可以将墙板根部防水反坎、门槛与周边墙、柱、梁等构件集成或单面叠合,做成一个沉箱单元,在浇筑时采用反向浇筑的方法避免吊模,采用振动台、密闭模板体系等保证浇筑密实度,以彻底解决防水问题。预制沉箱是住宅沉箱卫生间革新换代的技术成果,但目前工程实用率非常低,寥寥无几。

图 2.6 预制沉箱

预制沉箱少有工程实用的主要原因是:与预制凸窗、楼梯、叠合板相比,预制沉箱的结构复杂,尤其是与周边结构构件的关系非常复杂,不好切割。例如,沉箱可能一侧与结构梁连接,另一侧可能与剪力墙连接,端头又与凸窗连接,预制时要处理好与周边构件的关系,类似于"器官移植",难度很大。但它的效益也非常可观,目前它在个别地区和项目上的试用情况良好,值得进一步试验推广。

2.2.6 ALC墙板

不像混凝土在承重墙体材料中具有不可撼动的地位,起围护和隔断作用的墙体材料种类繁多,一直都没有一家能够占有统治地位的材料出现。人们先后采用过黏土砖、陶土砖、灰砂砖、小型砌块、加气块、轻质条板等多种材料制造住宅工程的隔墙。从墙体材料的改革历程来看,从黏土砖到其他砌块的转变,是改革的前半场,主要是为了保护耕地、减少污染;从砌块到条板的转变是改革的后半场,这一时期更注重节能、环保、隔声、轻质,以及工艺优化和施工效率。条板材料经过迭代升级,终于出现一款暂时处于主导地位的产品,那就是ALC墙板。

ALC(autoclaved lightweight concrete)墙板,全称为蒸压轻质加气混凝土隔墙板(图2.7),是以硅砂、水泥、石灰为主要原料,由经过防锈处理的钢筋增强,经过高温、高压、蒸汽养护而成的多气孔混凝土制品,具有轻质、防火、隔声、绿色、环保、经济、施工便捷等优势,已成为当今住宅工程内隔墙材料的第一选择。

图2.7 ALC墙板

在ALC墙板众多优点中,最受欢迎的一点是其能够取消抹灰。当年,推动万科努力探索新型建造工艺的主要动力之一,就是取消抹灰。在住宅工程中,取消内隔墙抹灰是全面取消抹灰的最后一步,代表着住宅产业化和工业化进入新阶段。此外,ALC墙板相比其他几种墙板,其抗裂能力有了明显提升,只要按照操作规程施工,基本可以避免出现明显的裂缝,满足交付和使用的要求。

2.2.7 楼板双层双向通长配筋

住宅工程的楼板开裂问题依然较为普遍(图2.8),只是随着砌墙、抹灰等湿作业内容的逐渐减少,发现楼板开裂的机会也随之减少罢了。当毛坯房子的业主自行装修时,或者二手房买家重新进行装修时,关于楼板开裂的投诉仍占有较高比例。

 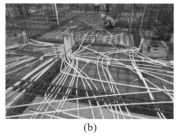 

(a)　　　　　　　　　　(b)　　　　　　　　　　(c)

图2.8　楼板开裂

通常,楼板在其负弯矩区域外几乎不配面筋,导致面筋往往不通长不连续,钢筋网的自我支撑能力较差,在绑扎钢筋或浇筑混凝土时,工人的踩踏对钢筋绑扎质量的破坏非常严重(图2.8(a)),负弯矩钢筋易发生失位,计算高度减小,承载力大大降低,楼板挠度加大,最终造成楼板底面开裂。此外,因负弯矩区域外缺少面层钢筋,该区域中的预埋管线相当于埋在素混凝土中,缺少上层钢筋的有效固定,在浇筑时极易上浮至楼板表面,导致板面开裂(图2.8(b))。

在防治楼板开裂问题上,行业曾经采取过很多的措施,但效果都不佳,直到双层双向通长配筋方法的出现。楼板双层双向通长配筋能够有效提高施工效率和钢筋绑扎质量(图2.9),明显改善楼板开裂的问题,是至今为止最为有效的措施之一。在此基础上,进一步减少楼板混凝土浇筑后的施工扰动,适当加强养护,可以大幅减少困扰我们多年的住宅楼板开裂问题。

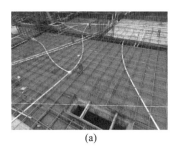 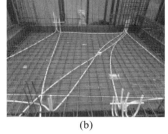 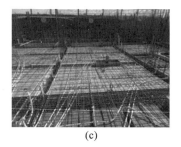

(a)　　　　　　　　　　(b)　　　　　　　　　　(c)

图2.9　楼板双层双向通长配筋

推行这项措施有两大阻力,一是思想上,二是经济上。

思想上,一些结构设计工程师,从受力计算上认为只需要将钢筋布在受力需要的地方,其他区域无须配置钢筋或者应该少配钢筋以节约用钢。但这样做没有充分考虑到实际施工与设计假设之间的偏差问题,在施工过程中非双层双向通长的楼板钢筋错乱偏位程度异常严重,对结构计算承载力和正常使用状态的削弱超乎设计师的想象,且难以有效改善。推行双层双向通长配筋的出发点,不是为了提高配筋率来减少楼板开裂,而是为了提高绑扎质量,充分发挥钢筋作用。事实证明,该项措施是明显有效的。

经济上,一些开发商认为这项措施会大幅增加工程造价。实际上,经过认真计算和实测实量,采取这项措施后,在原来配筋基础上增加的费用非常有限,分摊到住宅标准层,每平方米仅增加3~10元,这跟工程户型、跨度、有没有采用叠合板、原来配筋是否采取抗裂加强措施等多种因素有关,最终造价的增加并不多。该部分内容本书第4章有专题研究。

综上,楼板双层双向通长配筋,能够有效提高板筋的绑扎质量和施工效率,大幅降低楼板开裂的风险,且简单易行,费用合理,可作为一项实用新技术进行推广。

2.2.8 预埋止水节

提起止水节,让我想起马镫。

马镫(图2.10)是人类历史上一项具有划时代意义的发明。正如英国科技史学家怀特的评价:"很少有发明像马镫那样简单,而又具有如此重大的历史意义。马镫把畜

图2.10 马镫

力应用在短兵相接之中,让骑兵与马结为一体。"可以说,马镫为冷兵器军事带来了彻底的变革,尤其是金属双镫出现以后,世界各国都开始发展成规模建制的骑兵部队,并逐渐成为冷兵器时代真正的霸主。

很难想象,在我国汉朝以前,人类骑马时双脚是悬空的,靠双腿紧紧夹住马身来保持平衡。这段时期,骑马是一项辛苦而又危险的技术活,一名士兵往往需要长期专业的训练才能成为一名合格的骑手。马镫发明以后,骑马就简单轻松多了,甚至可以在马背上进行更大范围和更加复杂的动作,提高了骑兵的战斗力。一项小小的发明,却推动人类历史向前跨进了一大步。而止水节,亦推动了建造工艺的发展。

在止水节发明以前,穿楼板管道安装通常需要预留孔洞,待安装管道后再进行

二次灌浆封堵。该工序复杂,交叉作业多,施工质量难以保证(图2.11)。传统做法难以避免二次封堵灌浆的混凝土结合界面因凝固收缩形成工艺裂缝,再加上预留洞口上的灰尘污垢等很难清理干净,导致混凝土界面的结合难以达到理想的防渗效果,管根周边经常发生渗漏。

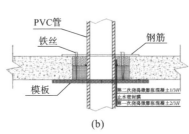
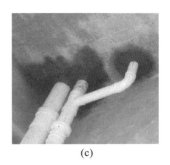

(a)   (b)   (c)

图2.11 传统留洞吊模工艺

采用新型多功能止水节(图2.12)替代传统的留洞吊模工艺,能有效避免穿楼板管道安装时需留洞的问题,有效防止卫生间管道周边的渗漏,且该工艺安装简便,既保证了施工质量,又加快了工程进度。止水节与铝模的结合,在保证混凝土构件浇筑质量和精度的同时,也保证了预埋止水节定位的准确性,保证了管道安装的垂直度。每一层止水节都是在同一块铝模上相同的钉孔上进行打钉固定,因此无须聘请专业师傅进行吊模堵洞,普通工人即可轻松操作。

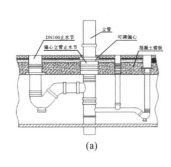
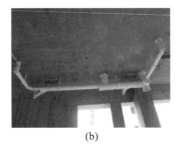
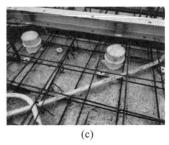

(a)   (b)   (c)

图2.12 止水节

小小的止水节,不过是一个普通的管道配件,没有复杂的生产工艺,也无须特别安装,却轻而易举地解决了困扰工程界多年的管道周边渗漏问题。这一发明可能直接改变卫生间的构造做法,使构造复杂的沉箱卫生间重回普通小降板方式。

之所以采用沉箱卫生间设计,主要是为了躲避管道穿楼板带来的渗漏风险,通过在沉箱内将多条穿楼板的管道转换成一两条主管来减少贯穿楼板的次数。如果立管走外墙,那么就能够直接避免管道穿卫生间楼板的情况。在过去穿管留洞、吊模封堵的年代，采用沉箱卫生间实属无奈之举。小小的止水节有望重新扭转住宅卫生间的工艺做法。

2.2.9 模块化建造

模块化建造工艺代表了目前装配式和产业化的最高水平，为建筑工业化指明了方向。深圳市在龙华樟坑径采用混凝土模块建造了国内首个百米高度的保障房项目，2740套保障房在12个月建设完成，现已交付使用。该项目在高层住宅模块化建造工艺上进行了开创性的尝试，取得了巨大成绩。

模块化建造的具体做法如下。以混凝土模块作为室内空间装修的载体，提前在工厂生产（图2.13），运到现场在主体结构上组装（图2.14）。模块组装后形成的空间与铝模结合共同组成现浇墙柱梁板的模板体系，最后浇筑混凝土。该工艺实现主体结构与室内装修的同步施工，大幅度加快了施工进度，提升了装修质量，开创了高层建筑混凝土模块化建造的新思路。

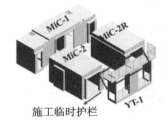
施工临时护栏

挑板、墙分别预制

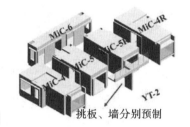
挑板、墙分别预制

图2.13　模块生产

(a)

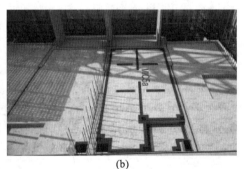
(b)

图2.14　模块组装

混凝土模块化建造体系可以解决目前住宅产业化进程中的诸多问题，是未来住宅工程建造的方向和希望。但目前它还处于起步阶段，深圳也只在樟坑径保障房项目上有过一次全过程的探索和实践,还需要进一步的实施和验证。在梅林的警察公寓项目也将采用模块化建造体系,期待能进一步提高和完善该工艺。模块化建造工艺是新型住宅建造模式的主攻方向,更是新型建造技术的集大成者,该部分内容将在后续章节中深入研究。

2.2.10 三维激光扫描测量技术

三维激光扫描技术作为测量技术的又一次革命,能够快速、高精度地获取被测对象表面的点云坐标,迅速复建出三维数字模型(图2.15);在工程建设中,它可极其高效地获取建筑空间的所有测量数据,实时计算表面观感实测值,且其精度远高于现行其他测量技术,直接将测量从"抽查时代"拖入"普查时代",推动施工精度快速进化。

图 2.15 三维激光扫描测量技术

三维激光扫描设备,配以相应的算法和操作软件,可以快速对室内空间尺寸、墙面垂直度、楼板平整度、洞口阴阳角、外墙平整度等进行精确测量,并输出可视化测量结果(图2.16),实现信息化施工。它可以实时指导现场整改,领先传统测量方法,对卷尺靠尺等测量工具造成降维打击。

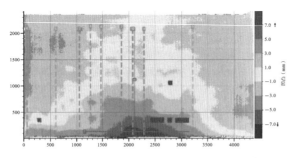
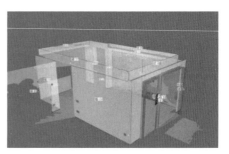

图 2.16 三维激光测量成果

三维激光扫描测量技术无疑是一项能够提高住宅建造精度和施工水平的新技术。然而，现行验收规范是基于原有手工点对点的测量方法制定的，三维激光扫描技术则是在迅速获取亿万个测点数据的基础上对面和三维空间的复建，原有规范的评价体系已不适应这种新技术。为了迎合老规范的要求，我们需要从三维激光扫描点云中抽取数据，以便按照老规范进行评价，这对数据后处理技术提出了较高要求。例如，垂直度、平整度的合格判定，在运用三维激光扫描技术时，可以通过整体测量墙面来判定，但目前仍然需要在系统中模拟传统的 2 m 靠尺来进行判定，新技术的优势得不到充分发挥，这在一定程度上制约了该项技术的发展应用，建议从团体标准、地方标准开始，有计划、有步骤地推进相关技术标准及验收规范的修订工作。

2.3 住宅工程五项"伪技术"

所谓"伪技术",指的是在住宅工程质量和效率提升方面的贡献不够明显,反而带来不少问题和弊端的技术或工艺。其中,有些技术确实是不够成熟,没有能力解决好长期困扰工程界的实际问题;而有些技术却是打着所谓"战略"和"大旗"的幌子,硬要不合时宜地挤进住宅工程中来,反而给行业带来了新的问题。总结下来,"伪技术"主要有以下五类:叠合楼板、预制外墙板、叠合剪力墙、外墙内保温和海绵城市。

2.3.1 叠合楼板

叠合楼板是由预制板和钢筋混凝土现浇层叠合而成的装配整体式楼板(图2.17)。其预制板在工厂生产,在现场吊装后又可兼作现浇层的永久模板。叠合板最初被发明出来的主要目的是用来省模板。然而,在周转多、损耗少的铝模时代,叠合板的优势没有那么突出了。更有甚者,在某些地方,为了安全生产、减少高坠风险,规定在吊装叠合板前需要用铝模进行满铺,这样一来,叠合板的应用处境更是尴尬。此外,叠合楼板的使用还面临以下三个方面的问题。

(1) 施工效率方面。尽管使用叠合楼板能够省掉部分铝模的安拆,但叠合板吊装所需的时间与省掉的那部分铝模原本所需的拼装和拆除的时间几乎相等,因此作业时间并没有得到节约。此外,叠合板吊装以后,给梁筋绑扎带来了巨大困难,导致梁筋绑扎时间被严重拉长,施工效率下降。

(2) 工程造价方面。预制叠合板(暂按 60 mm 厚)费用为 2000~3000 元/m^3,是现浇费用的 3 倍多。虽然预制叠合板减少了支模面积,但并未减少劳务费。节约的只是部分铝模标准板的材料费,大概 12 元/m^2(铝模展开面积)。综合比较下来,应用叠合楼板比传统现浇综合成本高出 60~80 元/m^2。

(3) 工程质量方面。叠合楼板给工程质量带来了一些不利影响。①叠合板的使用给梁筋绑扎带来了巨大的困难,导致梁筋绑扎质量明显下降,进而影响到结构安全(该部分内容将在后续章节中专题阐述)。②现浇层的厚度被挤压,但预埋管线并没有减少,导致管线布设困难增大,对楼板的削弱影响进一步加重,楼板面筋上露、表面开裂现象明显增多(图2.18)。③由于叠合板质量参差不齐,开裂翘角等缺陷时有发生,再加上周边及现浇板带处的漏浆问题,导致楼板成型品质还比不上铝模现浇。

图 2.17 叠合楼板

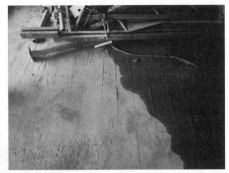
图 2.18 叠合楼板面筋上露

从施工效率、工程造价、工程质量等多方面综合来说，叠合楼板在住宅工程中的应用不仅没有解决实际问题，反而造成了不小的负面影响。就装配式建筑而言，叠合楼板只是相对便宜的一种装配方式。即使是这个"相对便宜"，也已经让建设方付出了每平方米增加近百元的代价。如此看来，叠合楼板怕是很难摆脱"伪技术"的名号了。

2.3.2 预制外墙板

预制外墙板指的是夹在现浇混凝土墙之间或者在其外侧悬挂的预制实心墙板（图 2.19），不包括预制凸窗。预制外墙板按用途来分，有用作剪力墙、填充墙和装饰墙三种类型。

（1）当预制外墙板用作剪力墙时，在两端分别设置一段现浇剪力墙或现浇边缘构件，中间插入预制墙板。其下端采用灌浆套筒连接，其他三面均采用锚筋与现浇构件实现无缝连接。然而，灌浆套筒施工难度较大，质量难以控制，下端水平缝往往因处理不当而成为潜在的渗漏通道。它将混凝土的两种工艺强行结合，造价不降反增，既没解决实际问题，反而引发新的质量问题。

（2）当预制外墙板用作填充墙时，也是在现浇墙体内插入预制墙板。但作为填充墙，墙板四周同现浇构件之间不仅需要采用弱连接，同时还要求不得开裂、渗漏，实属两难。为了解决上述问题，常用的做法是在其下端设缝断开并打胶封堵，而其他三面采用单排锚筋连接。尽管名义上是填充墙，但实际上它对剪力墙刚度的影响仍然是存在的。或许可以通过调整结构布置或者留洞设窗（固定窗不开启都可以），取消此处的填充墙，这样操作可能更简单一些。

（3）当预制外墙板用作装饰墙时，由于混凝土自重大，强度高，在用作装饰构件时无法充分发挥混凝土材料的特性。将其挂在外侧作为装饰构件，不仅增加了建筑自重，扩大了地震效应，加大了基础的负担，还增大了结构复杂性，弊远大于利。图2.20为某大学宿舍楼，端头山墙上的黄色和白色造型装饰板就是外挂的200 mm厚实心混凝土预制板。从经济、实用、美观的角度出发，选用铝板、陶板可能更为合适，但这样做得不到装配式建筑的评分，所以才忍痛割爱，选择了相对笨重的混凝土墙板。

图2.19　预制外墙板

图2.20　某大学宿舍楼

上述三种功能的预制外墙板，均未解决实际问题，给人强烈的"有意植入"之感。它们最大的"贡献"就是充当了提高"竖向构件预制比例"的道具，以便强行获得装配式建筑评分。现在这种局面，我们除了感到"强人所难"的愤怒外，也不得不佩服起他们为保护竖向主要受力构件不预制而做出的牺牲。

2.3.3　叠合剪力墙

叠合剪力墙又名"双皮墙"，指在工厂生产、通过钢筋桁架连接的两片混凝土墙板，中间带有空腔，在现场安装就位后再在空腔内浇筑混凝土，从而与两侧现浇墙体形成整体受力的剪力墙（图2.21）。叠合剪力墙两侧通过预留锚筋与现浇剪力墙相连，上下端通过空腔里插入的钢筋进行连接。与普通预制剪力墙相比，叠合剪力墙不再需要使用灌浆套筒来进行竖向连接，操作难度有所降低。但它同样存在预制现浇穿插现象，导致造价不降反升。除此之外，它还带来了许多新的质量问题。

图 2.21 叠合剪力墙

（1）梁筋在叠合剪力墙空腔中锚固困难。叠合剪力墙厚度一般为 200 mm，两片墙板厚度各为 50 mm，中间为 100 mm 厚的空腔，长度通常与两端边缘构件之间的距离保持一致，这样做能使预制墙板侧面锚筋预留长度等于边缘构件的长度，并在边缘构件外侧端头弯起，省去墙体水平筋的搭接。叠合剪力墙平面内的梁纵筋锚固长度大于边缘构件长度，需要穿过边缘构件锚入空腔，而空腔厚度一般只有 100 mm，导致梁纵筋全部向梁中线集中，使得梁侧保护层厚度至少激增到 60 mm，梁截面有效宽度锐减到 100 mm，严重削弱梁的承载力。如果选择将梁筋弯锚，由于受叠合楼板预留筋的阻挡，梁筋几乎无法穿入，施工极其困难。要解决这个问题，只有将叠合剪力墙长度进一步缩短，在边缘构件与叠合剪力墙之间再增加一段现浇剪力墙，预留出梁筋锚固长度，但这样做的话竖筋、水平筋都要搭接，效率进一步降低。

（2）空腔中混凝土浇筑振捣困难。梁筋锚入空腔后，占用了大量空间，再加上预埋管线也占用了不少空间，基本上封严了空腔上口，导致混凝土下料、振捣非常困难，空腔内混凝土浇筑质量很难保证。

（3）空腔内连接钢筋定位困难。叠合剪力墙竖向连接靠空腔内插入的连接钢筋，一般做成开口向下的倒 U 形。由于空腔上口空间异常紧张，连接钢筋就连插入都非常困难，更别说绑扎定位。即使勉强绑扎，后续施工也会造成扰动偏位。因此，很多情况下，连接钢筋都是在浇筑混凝土后再插入。插入过早，混凝土复振时容易使钢筋再次错乱；插晚了，只能见缝插针，哪里插得下插哪里，定位无法保证。按要求，插筋的两条腿需要一左一右骑插在空腔里，许多工地为图省事，导致它们被一前一后顺插下去，集中在空腔中线附近，这种做法会严重影响剪力墙的竖向连接效果,削弱其平面内、外的承载力。

（4）叠合剪力墙与现浇混凝土连接面的质量保证困难。由于叠合剪力墙预制时,是先浇筑第一片,等第一片有了强度,再反转向下将桁架筋切入第二片刚浇筑的混凝土中,中间空腔内无法进行任何操作。因此,第二片墙板与钢筋之间的连接效果、连接面的粗糙程度、拉筋的污染情况难以检查和整改。另外,墙板四周侧面是与现浇混凝土构件直接接触的连接面,其界面处理也很关键,但其处理效果也很难得到保证。

综上所述,叠合剪力墙与叠合楼板、预制外墙板一样,都属于"强行植入"的工艺,并不是由行业痛点呼唤而来,也没有解决实际的问题,反而给工程质量带来了明显的影响。

2.3.4 外墙内保温

深圳属于夏热冬暖地区,夏季需要隔热,冬季无须采暖,普遍采用的都是外墙内保温技术(图2.22)。外墙内保温比外墙外保温操作简单,造价低廉,当然保温效果也不好。除此之外,外墙内保温技术还有以下几个缺点。

图 2.22 外墙内保温

（1）外墙内保温不能对外立面进行全包裹,会在外墙与楼板、内隔墙连接处形成冷(热)桥效应,严重的会结露发霉。

（2）外墙内保温占用室内面积,会沿外墙向内侵占30～50 mm的空间,同时,由于使用的是轻质材料,敲上去有空鼓感,也不方便打钉持重。不少业主对此有很大意见,有的业主在装修时会直接拆掉。

（3）外墙内保温对围护墙体（包括外结构墙体）没有保护作用,外墙直接受室外温度影响,当室外温度低于室内温度时,外墙收缩的速度比内保温层速度快;当室外温度高于室内温度时,外墙膨胀的速度比内保温层快。这种反复不协调的变形使内保温层与外墙内基面之间不断发生相对滑移,导致保温层连带装修面层不断发生空鼓开裂的情况。如果这种情况发生在厨房或卫生间,会对瓷砖墙面造成更大的影响,导致墙砖空鼓持续发展数年之久。

技术层面上,目前还没有一种内保温材料和工艺既能有效解决保温隔热问题,又能保证在使用阶段不会带来新的不利影响。现在的外墙内保温技术效果不明显,但缺点却很明显。在深圳地区,住宅的大片外墙内侧往往布置为卧室,卧室空调能耗的损失主要源自凸窗,占到空调能耗增加值的80%以上,不解决凸窗的热辐射及周边凸窗板的热传导问题,外墙内保温技术的保温效果终究不会太好。

2.3.5 海绵城市

海绵城市是城市雨洪管理的新概念,旨在使城市能够像海绵一样,在应对雨水带来的自然灾害方面具有良好的"弹性",强调城市在降雨时能够尽量吸水、蓄水、渗水、净水,并在需要时将蓄存的雨水释放并加以利用,实现雨水在城市中的自由迁移。

"将70%的降雨就地消纳和利用",是海绵城市核心概念"年径流总量控制率"的通俗表达。深圳位于全国海绵城市建设目标的第Ⅴ分区,年径流总量控制率正好在70%左右。按照年径流总量控制率的定义,这里的"将70%的降雨就地消纳和利用",并不是将每次降雨量的70%就地消纳和利用,而是从年度统计的角度出发,将全年降雨量的70%就地消纳,这是一个统计学上的概念,而非实际每次降雨的直接比例。每个地区的年径流总量控制率指标都对应一个设计降雨量,比如深圳的年径流总量控制率70%就对应31.3 mm的日降雨量。那么,理论上,深圳的海绵城市设计就只对日降雨量为31.3 mm及以下的降雨强度负责,超过这个值的强降雨不是深圳海绵城市所能保证的了。

深圳年平均降雨量约2000 mm,但降水集中度高,约86%的降水集中在汛期,每年记录到的局地暴雨及以上降水天数都超过50天,这些降水多以暴雨等强降雨形式出现。日降雨量超过50 mm的暴雨雨量约占全年降雨量的40%,这样粗略计算,全年暴雨雨量的70%是不受海绵城市控制的。如果整个小区的降水都要先经过园林绿化区域来收集,那么在暴雨期间(尤其是大暴雨或者连续暴雨期间),小区花园就有出现内涝的可能。

深圳住宅项目的另外一个特点,也不利于海绵城市发挥作用。那就是深圳的住宅宗地面积越来越小,容积率越来越高,花园绿化多设计在局部或全部高出地面的半地下室和裙房顶板,形成"空中花园"(图2.23)。它们以孤岛形式出现,不是海绵城市概念里面实际意义上的"绿地",其涵养水的能力有限,且不能与其他水土连通,实现不了"雨水在城市中的自由迁移",反而成了一个水池,给防水和排水设施造成长时间的压力(图2.24)。2024年4月,光明区某楼盘就经历了这样的内涝困扰,最后不得已在顶板上打洞增设排水管网来解决内涝问题。

图2.23 深圳住宅小区的空中花园

图2.24 顶板上的下凹绿地

第 3 章
装配式住宅发展现状与展望

住宅产业集约化发展的需要催生出装配式住宅，内浇外挂的新型建造技术推动装配式住宅艰难起步，庞大的住房市场提供给装配式住宅足够的试错空间，不断加码的政策支持巩固着装配式住宅的前沿阵地。然而，三驾马车驱动的住宅装配式已疲态初显，技术创新乏力，造血能力不足，市场投入疲软，全链条盈利差。仅靠政策牵引的装配式住宅该如何走好下半场？

褪去浮夸，挤出泡沫，回归初心，是装配式住宅必须要经历的淬变。能够提质增效的技术才是真技术，最终被市场接受的工艺才是真工艺，试错与徘徊也是发展的一部分。预制率的瓶颈，也许就是集成化的机遇，模块化建筑也许会成为指引我们深入探索远方的灯塔。

3.1 三驾马车驱动装配式住宅快速发展

技术、政策、市场,三驾马车驱动着装配式住宅不断发展。

2016年以前,以万科为代表的标杆企业怀揣着住宅产业化的梦想,四处寻找能够提高建造效率和质量水平的创新技术,先后确立了铝模、全混凝土外墙、预制凸窗、预制楼梯、自升式爬架、墙体免抹灰、精装修交付等关键技术在新型住宅建造工艺中的地位,开启了住宅产业化的全新时代。在那个时期,既没有政策扶持,也缺乏市场推动,几乎完全依赖技术创新作为驱动力。尽管装配式住宅在当时所占的开工量比例很低,但却有着较高的技术含量,选择的技术也是最科学的。是技术的创新驱动了住宅装配式的发展,同时,住宅产业化也自然选择了装配式技术。那是一个技术蓬勃涌现的时代。

之后,政策驱动接过了发展的接力棒。装配式住宅如雨后春笋般拔地而起。在这一阶段,《评分规则》扮演了重要角色。每一项装配式技术和工艺被分别赋予了一定的分值或分值区间,设计或建造中采用了此技术便得到其分值,累加得分50分以上是项目开工的必要条件。一些工艺还被规定了最低分值要求,也就是不但要采用,而且还必须达到一定数量标准,例如主体结构预制装配率至少需要得到20分,这就要求必须选择一定量的预制装配水平和竖向构件。产业政策驱动着住宅装配式,《评分规则》塑形着装配式住宅。

政策驱动下,市场积极响应,预制构件厂也如雨后春笋般迅速涌现。深圳市装配式建筑产业链已覆盖建设、设计、施工、部品部件生产、科研教育等各领域,企业数量持续增长,造就了一批龙头企业,孵化培育了国家级装配式建筑产业基地13个、省级基地29个及市级基地47个,数量在全国遥遥领先,形成了从行业龙头到成长型企业的多级梯队,呈现出后劲十足的良好势头。同时,产能过剩、竞争激烈的现象也越来越严重,市场驱动住宅装配式的步伐一刻也不肯停歇。

虽然三驾马车合力驱动着住宅装配式不断前进,但2016年以后,鲜有革命性技术再出现,反而为了迎合《评分规则》,催生出几种用来凑分的构件,即前文提到的"伪技术"。这部分可以回顾本书第2章的相关内容。政策上还在持续发力,但建筑市场上对装配式住宅的态度,也从一开始的跃跃欲试,逐渐淡化为仅仅当成一项普通的措施被动执行,已经不见当年的活力。行业在努力维持装配式现状的同时,也在翘首以盼转型升级版的装配式。

3.2 装配式住宅的评分规则

2017年12月12日,住建部发布了《装配式建筑评价标准》(以下简称国标),于2018年2月1日起实施;2018年11月1日,深圳市住建局联合规土委发布《深圳市装配式建筑评分规则》(以下简称深标),于同年12月1日起实施;2019年8月26日,广东省住建厅发布了《装配式建筑评价标准》(以下简称省标),于同年10月1日起实施。

综合比较国标、省标和深标,发现有以下不同。国标和省标均以"装配率"来评价装配式建筑的装配化程度,并划分为基本级(仅省标)、A级、AA级和AAA级;深标是以"装配式评分"来认定是否属于装配式建筑,并不进行评级。国标起步很高,直奔主体,只评实体装配率作为硬指标;省标在此基础上增加细化项和鼓励项,降低评价起步门槛,增加装配软实力得分项;深圳的评价思想与省标基本一致,且进一步缩减了主体结构装配率分值占比,增加装配式模板及一体化施工的得分内容,提高了内外隔墙的装配率起步门槛和比例。但因深圳的《评分规则》发布早于省标,这么说省级主管部门和专家是基本认可深圳装配式建筑评价思想的,但省标从形式上与国标保持一致,仍然采用"装配率"指标来评价。

根据深标,技术总评分不低于50分便可认定为装配式建筑。深圳住宅基本上都是混凝土结构,大多采用新型建造工艺施工,可以参照"装配式混凝土建筑技术评分细则"来评。在拿够主体结构构件装配比例的最低20分之后,还需通过以下方式累积分数:构件标准化得1分、装配化施工得3分、内外墙非砌筑免抹灰得8分、外窗和外墙装饰深化设计得1分、全装修得6分、集成厨房和集成卫生间各得2分、机电一体化设计得2分、穿插流水得3分、BIM应用得2分,这样累积起来即可达到50分。主要困难还是集中在主体结构竖向和水平构件装配比例的得分上。

国标中,竖向构件装配比例起步要求为35%,低于35%不得分,水平构件装配率要求70%起步,低于70%不得分。深圳将这两个起评指标分别拉低到5%和10%,且将非承重外墙板和外墙栏板等预制构件也纳入竖向构件装配比例。同时,深圳还增加了非预制构件必须全部采用装配式模板的要求。这样,深圳成功保留了承重主体构件现浇、非承重外挂构件预制的"内浇外挂"模式,为以高层和超高层建筑为主的深圳住宅减少了一缕担忧。

深圳住宅主体结构装配比例的这20分,主要由竖向构件和水平构件各自承担

10 分组成。竖向构件装配比例分为两档进行得分：第一档为 35%～80%，得分 10～20 分，但这一档通常不被考虑；第二档为 5%～35%，可以通过使装配比例刚刚超过 5% 的预制凸窗和阳台隔墙来实现，得 10 分。水平构件装配比例得分也分为两档：第一档为 70%～80%，也是基本不被考虑；第二档为 10%～70%，可以通过使用装配比例为 40% 左右的叠合板来实现，得 10 分。这样两个 10 分加起来就能凑满 20 分，实现目标。

为什么是这样的组合呢？是经济指标在操控。

3.3 装配式住宅的经济指标

在现有条件下,采用预制构件装配式施工比采用铝模现浇施工造价要高,而且预制装配率越高,造价越高。因为铝模现浇施工每立方米仅 1000 多元,预制构件装配式施工每立方米造价却要 2000~3000 元。接下来我们分析一下为满足上一节中主体结构装配率的那 20 分所需要付出的经济代价。

3.3.1 竖向构件

竖向构件预制率在 5% 以上可以拿 10 分。我们假设一栋常规的单元式高层住宅楼,其标准层每层建筑面积 600 m^2,混凝土方量为 200 m^3,其中竖向承重构件混凝土方量为 120 m^3,梁板混凝土方量为 80 m^3。竖向预制构件采用预制凸窗,5% 的装配比例对应的方量为 6 m^3,为 4~6 个凸窗。预制凸窗造价为 3600 元/m^3,6 m^3 造价就是 21600 元。而现浇凸窗的造价为 1600 元/m^3,6 m^3 造价就是 9600 元。为了拿这 10 分要付出的代价就是 12000 元/层。如果要进一步提高竖向构件的装配比例以获得更高的评分,需要多做预制凸窗,那么最多能做几个凸窗呢?单层面积为 600 m^2,按 6 户三房户型来算,共计 18 个卧室,最多可以做 18 个凸窗。每个凸窗混凝土方量为 1~1.5 m^3,取平均值 1.25 m^3,共计 22.5 m^3,对应的预制率为 18.75%。按内插法计算得分为 12.29 分,为此增加的造价是 45000 元,其中后面增加的 2.29 分花费了 33000 元,平均 14410 元/分,比前面 10 分的 1200 元/分高出近 12 倍,性价比严重下滑。这就是为什么开发商都不愿意多做预制凸窗,为兼顾一致性每户只做一个的原因。

当前住宅工程中的装配式竖向构件,除了预制凸窗外,还有阳台隔墙板、阳台栏板、洞口墙板等,但用量都较小,且与一体化铝模现浇墙板比,性价比更低,此处就不再重点计算比较了。

3.3.2 水平构件

再来计算水平构件的成本效益。预制水平构件主要是叠合楼板,实在数量不足可在公共区域加一些钢筋桁架楼承板作为补充,还无法满足要求就再加上预制楼梯。使用装配比例为 10% 的叠合板可以得 5 分,而 40% 可以得 10 分。想超过 50% 基本不可能,因为厨房、卫生间及不规则的过道、公共区域等使用叠合板会很困难。还是按上文中单层 600 m^2 的住宅楼来算,扣除 10% 的竖向构件截面及电梯井、洞口、管井所占的面积，10%的叠合板面积是 $10\% \times 90\% \times 600 = 54$ m^2，40%的叠合板面积是 216 m^2。采用叠合板与采用铝模现浇相比，大概每平方米增加造价 80 元，10%的叠合板需要增加造价 4320 元，拿 5 分；40%的叠合板需要增加造价 17280 元，拿 10 分。其中后 5 分花费 12960 元，平均 2592 元/分，超出第一个 5 分 864 元/分大概 3 倍，性价比也在明显下降，但比起做预制凸窗，性价比还是高出很多。这就是开发商普遍选择多做叠合板少做预制凸窗的真正原因。

如果兼顾一致性，每户做一个预制凸窗，那么和叠合板相结合以达到最佳性价比的组合是怎样的呢？假设每层做 6 个预制凸窗，混凝土方量为 7.5 m^3，预制率为 6.25%，插值计算得分为 10.2 分。那么，叠合板得分就可以控制在 9.8 分，对应的面积约为 210 m^2，平均每户 35 m^2。这意味着基本上三个房间都需要采用叠合板，如果是面积小一点的两房户型，可能还要纳入客厅。这就是当前深圳住宅中叠合板的实际应用情况。

预制楼梯在深圳被视为水平构件，让我们看看它和叠合板相比，哪个更划算。高层住宅常用剪刀梯，一层投影面积大概为 12 m^2，两块梯板的混凝土方量约 3 m^3。目前预制楼梯（包安装）的价格为 3200～3500 元/m^3，算下来一层预制剪刀梯的造价约为 10000 元。现浇的话，一层费用约为 5000 元，采用预制楼梯直接费用增加约为 5000 元/层，但因预制楼梯梯板重量近 4 吨，对塔吊起重性能要求提高，可能需要更换更大型号的塔吊或者增设塔吊台数，由此增加的造价折合到每个标准层为数千元不等。综合评估，采用预制楼梯，每个标准层增加费用 5000～10000 元，每平方米增加 400～800 元或者更高，远不及使用叠合板的性价比高。这也是住宅项目预制楼梯使用比例不高的主要原因。

金属楼承板，特别是钢筋桁架楼承板，可以在公共区域电梯厅采用，其材料费约为 100 元/m^2，这种楼承板虽然节省了铝模但未节省支撑，很多项目还是要给铝模班组支付费用，其综合费用比采用铝模现浇高出 80 元/m^2 左右，与采用叠合板费用增加相当，但它存在容易锈蚀、漏浆、装饰层脱落、观感质量差等质量问题。

综合比较，预制叠合楼板是住宅工程性价比最高的装配式工艺。严格来说，它是价格最经济的装配式工艺，但并非性能最佳的装配式工艺。叠合楼板的使用并没有提升施工质量和效率。相反，它所造成的质量问题，或因其使用所带来的施工困难，对施工质量水平的影响已经不容忽视，这部分可参阅本书其他章节相关内容。

3.4 住宅装配式构件组合的原则

显然,当前的住宅装配式组合并不是从"两提两减"出发的,而是从评分规则和经济指标出发的,旨在以最小的成本增加来获取最多的评价得分,将满足装配式的政策要求作为第一目标。这与我们大力推动住宅产业化,推广装配式住宅的初衷是背道而驰的,因此有必要引导住宅项目积极采用既能满足产业化政策和装配式评分,又能兼顾工程质量和性能的装配式组合,积极开发符合"两提两减"原则的装配式构件。

3.4.1 现有构件的组合

当前市场上能够保证供应的装配式住宅构件有预制凸窗、预制墙板、预制栏板、预制叠合板、预制空调位、钢筋桁架楼承板等。依照"两提两减"原则,可将上述构件分为两档,排在第一档的为预制凸窗、预制楼梯和预制空调位,其他的排在第二档。因为第一档的构件能够将复杂单元预制化、模块化,提高质量和效率,减少人工和污染,同时还解决了对主体结构刚度的影响,符合"两提两减"原则及装配式和工业化的路线,是有实用价值的工艺。第二档的构件,既提高不了施工质量,还拉低了施工效率,同时产生一些新的质量通病,只是用来凑分的,实际意义和价值不大。装配式住宅应该优先从第一档构件里选用构件进行组合。

如果要确保主要受力构件不预制的话,竖向构件可以选择将预制凸窗做满,配以副作用较小的阳台隔墙,最多能达到20%的比例,得12.5分。在此基础上,水平构件只需要得7.5分即可,对应20%的面积,如果按上一节的标准层面积来算,就是108 m^2。此处应优先选用预制楼梯,其面积约12 m^2,最后选用96 m^2的叠合板,平均分配到6户中,每户16 m^2,用于两个小房间,每个房间单独使用一块预制板,无须拼接。这样做既能提高效率,也能保证观感质量。

3.4.2 积极开发符合"两提两减"原则的构件单元

在进行装配式组合时不难发现,符合"两提两减"原则的预制构件实在是太少了,而且基本上都是从上一个十年留存下来的,近年来鲜有这样的构件被开发出来,这是因为主导装配式思想的已不再是"两提两减",而是被市场裹挟的经济指标。现在我们拨乱反正,回归初心,发现还是有一些曾经被抛弃的构件有重新启用的价值;有不少部位可以抽取为有实用价值的构件单元;有很多小的房间有待被开发成功能模块。

①预制阳台。早些年万科曾经采用过的预制阳台单元,其特点是将阳台栏板、栏杆、墙面和地面装修面层全部在工厂生产,运至现场吊装。这是一种不错的工艺,完全可以重新启用。

②电梯井膜壳。当代的高层住宅楼,其电梯往往成组布置,2台、3台、甚至4台连排。井筒作为主要承重受力墙体不适合预制,但其内筒膜壳适合预制装配。电梯井膜壳的筒状结构稳定性好,筒壁可以做得很薄,竖向叠装无须额外固定。其外侧使用铝模,采用桁架筋或留孔对拉,由现浇混凝土连成整体。

③预制卫生间沉箱。前文已有论述,进一步将整个卫生间集成为一个模块单元,走模块化建造的道路将更具有竞争力。

除了上述三种构件外,还有预制门框、预制消防箱位、预制电箱墙板等可以被利用起来,这些都是可以解决具体问题的构件,符合"两提两减"装配式建造原则。企业应勇于开发这些构件,引导装配式建造走向健康发展的道路。

3.5 装配式住宅面临的困境与出路

3.5.1 谋于远虑,疲于近忧

众所周知,大力发展装配式建筑是出于对高能耗、高污染、粗放型、劳动密集型传统建造方式不可持续性的忧虑,旨在谋划向绿色、低碳、集约型、科技创新型建造模式转变与升级,肩负着提升劳动生产效率和质量安全水平、促进建筑业与信息化工业化深度融合、培育新产业与新动能、推动化解过剩产能的历史使命。然而,不成体系的装配式构件在成熟现浇体系中的"植入式"穿插让生产效率不升反降,让质量安全漏洞百出,让工程造价大幅提升,让建筑工业化基地沦为工地外延的构件预制场地。对此,行业内部争论不休,市场投入信心不足,企业主体疲于应付。远虑虽虑,近忧堪忧啊!

3.5.2 现浇与装配,孰强孰弱

建筑行业的高度繁荣建立在现浇技术的广泛应用之后。现浇技术的高度发达同时也带动和促进了装配技术的不断发展,两者高度融合。若问现浇与装配,孰强孰弱,是没有定论的,只能说某些场合适合现浇,某些场合适合装配。不只是装配才是高科技,遥控着泵机隔空浇筑混凝土难道不像放大版的3D打印吗?全自动的混凝土生产线不也是工业化大生产吗?在精确到分秒必达的管理系统指挥下的搅拌运输,不正是信息化的体现吗?确立现浇的主体地位不代表否认装配的贡献。

3.5.3 政策与市场,谁主谁次

2016年以前,装配式市场是一个由技术引领的自由市场,市场在资源配置中发挥着主导作用,技术的开发与选用遵循着实用主义。之后市场转变为在政策高度引导下的市场,尤以"评价标准"和"评分规则"为代表,工艺的选用锚定装配式评分,技术的创新几近停滞,装配式建筑逐渐走向僵化。现在的市场所追求的装配式,不是性能最优的装配式,而是造价最低的装配式,这是评价规则导向的结果,因为评价规则的打分依据并非性能优劣,而是装配比例的高低。市场实际上是最注重性能的,政策只需要让注重性能的企业获得足够尊重,让不注重性能的企业受到严厉惩罚就可以了,不用亲自下场领跑。

3.5.4 装配式建筑,不只有预制,更要有集成

在国标评价体系中,主体结构预制率得分占 50 分,围护、防水、保温、装饰一体化集成只占 22 分,不及预制率占比的一半,因此出现了"高度集成的模块化建筑在国标评价中不算装配式建筑"的奇怪现象。相较于主体结构的预制装配,构件单元的集成、围护与装饰的集成、结构与保温的集成、管线与墙体的集成、厨卫与设备的集成、一体化设计与施工的集成,更能体现绿色、低碳、集约、创新的特点和精神,也更能提升劳动生产效率和质量安全水平,能够促进建筑业与信息化工业化深度融合、培育新产业新动能、推动化解过剩产能。装配式建筑唯"预制率"论英雄的指导精神不免有些偏颇。

3.5.5 不只是自己与自己标准化,而是要整个行业标准化

在国标评价体系中,标准化未被提及;在省标评价体系中,标准化只占鼓励项的 3 分;在深标评价体系中,标准化设计占到 5 分,但也只是"自己与自己标准化"。所谓"自己与自己标准化",指的是一个项目中户型和构件的设计,只要使用数量超过 50 处就成为该项目的标准化户型和构件了;或者使用数量低于 50 处的户型或构件在整个项目中所占比例不超过 20% 或 40%,也被认为符合标准化的要求了。然而,这种评价规则下的标准化只限于单个项目内部,并不是整个行业的标准化。一个项目上的标准化户型和构件拿到别的项目上就不一定符合标准化要求了,这对整个行业的设计施工,尤其是对构件厂来说几乎是毫无意义的标准化。在预制构件造价长期高位徘徊的情况下,预制构件厂竟然普遍面临亏损,这不得不归咎于"失真的标准化"。缺乏"真正的标准化"的工业化大生产最终只能退回到个性化订制的小作坊模式。

3.6 模块化高层住宅试点建造

模块化建造工艺是目前装配式和产业化的最高水平,为建筑工业化指明了方向。深圳在龙华樟坑径采用混凝土模块化建造了国内首个百米高度的保障房项目,2740套保障房12个月建设完成,现已交付使用。该试点项目使用的主要技术工艺及相关建造情况介绍如下。

3.6.1 项目概况

该项目位于广东省深圳市龙华区观湖街道坂澜大道与新樟路交会处,是国内首个百米高度采用模块化建造技术的保障性住房项目(图3.1)。项目用地面积24000 m^2,总建筑面积约173000 m^2,其中有101000 m^2是采用模块化建造技术建造的,共使用模块6028个。其基础类型为筏板基础,结构类型为"混凝土集成模块+现浇剪力墙结构",造价成本约为8000元/m^2,建设工期为12个月。

图3.1 项目实景图

3.6.2 主要工艺

该项目以混凝土模块作为室内空间装修的载体,提前将其在工厂生产,运回现场后在主体结构上组装。模块组装后形成的空间与铝模结合共同组成现浇墙柱梁板的模板体系,通过现场浇筑混凝土,实现主体结构与室内装修的同步施工,大幅度加快了施工进度,提升了装修质量,开创了高层建筑混凝土模块化建造的新思路。其具体步骤如下。

（1）模块拆分。

模块拆分，是基于原有结构的设计文件进行的，主要是将设计空间根据功能和尺寸的不同，分成不同的箱体模块。标准层平面主要分为三个拆分区域：

①模块区域——包含主要功能房间；

②预制区域——包含全预制阳台板、预制楼梯；

③现浇区域——包含楼梯间、电梯间、走廊等。

模块组合平面图如图3.2所示。

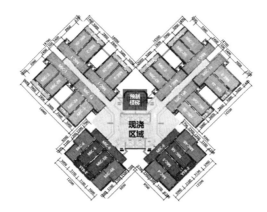

图 3.2 模块组合平面图

项目共拆分出混凝土模块6028个，阳台板、空调板等预制构件2877个，共计8905个，其中最重的19.7 t。各区域模块相关参数具体详见表3.1。

表 3.1 MiC 模块及预制构件参数信息表

模块序号	模块型号	尺寸/(mm×mm×mm)	重量/t	数量/个
1	MiC-1	8600×2800×2890	19.7	685
2	MiC-1a/1aR	8600×2800×2890	19.3	411
3	MiC-2/2R	4890×3090×2910	11.1	1370
4	MiC-2a/2aR	4890×3090×2910	10.4	411
5	MiC-3/3R	6090×3090×2910	15.6	411
6	MiC-4/4R	7730×3690×3110	16.2	548
7	MiC-5/5R	6350×3080×2910	14.3	548
8	MiC-6/6R	9400×1850×2890	16.75	274

续表

模块序号	模块型号	尺寸/(mm×mm×mm)	重量/t	数量/个
9	YT1	6200×1180×2980	2.5	685
10	YT2a	5600×1180×300	3	274
11	YT2b	1180×200×2660	1.2	274
12	YT3/3R	2800×1180×2980	2.1	411
13	YZB1/1R	1200×600×465	2	685
14	YZB2	2600×580×3130	1.8	548
15	YZB3/3R	1200×600×465	0.3	411
16	YZB4/4R	1700×600×465	0.3	411
17	YLT	2080×1190×30	—	548
总计				8905

（2）模块设计与生产。

模块按设计的形状和尺寸，采用定型大钢模在工厂进行浇筑。兼做主体结构剪力墙和梁侧模的模块墙体采用预制 30 mm 厚 C60 高强度混凝土模壳，模块顶板采用预制 60 mm 厚叠合板，顶板与侧墙连接处预留现浇板带进行连接，拆模后再进行底板浇筑。其他部位的模块墙体采用 C30 混凝土浇筑，在主体结构上作为内隔墙或者外墙使用。模块结构如图 3.3 所示。

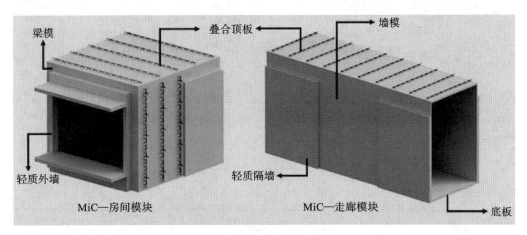

图 3.3 模块的结构

模块结构制作时按设计要求预埋管线和窗框，制作完成以后，便进行室内装修，经检验合格后出厂。生产流程如图 3.4 所示。

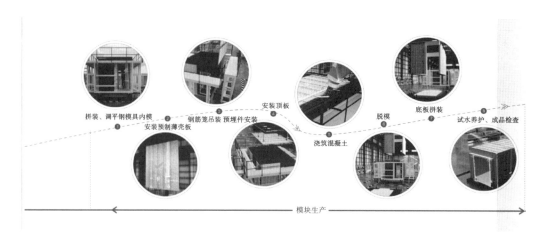

图 3.4　模块的生产流程

(3) 现场吊装。

模块采用专制吊具进行吊装(图 3.5),起吊重量最大近 30 t。吊装是施工中最为关键的一环。首先,吊点的设置需要专项设计,在模块制作时进行预埋;其次,在正式吊装前需要使用手拉葫芦进行调平,然后方可起吊;最后,须采用水准仪测量调平,方可摘钩(图 3.6)。此外,吊装的顺序影响到钢筋的绑扎,因此需要专门研究制定相应方案。

图 3.5　模块的吊装

(4) 模块与主体结构的连接。

图 3.7 是单模块与外侧现浇剪力墙的连接做法。该方法使用模块的预制模壳

第3章 装配式住宅发展现状与展望

图 3.6 模块的调平、就位

作为相邻剪力墙在模块一侧的模板,另外一侧的模板采用铝模,在模壳的桁架筋上预留对拉螺栓螺母,用于固定铝模。

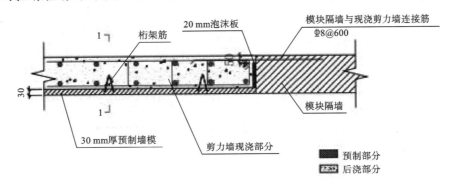

剪力墙与墙模连接节点1

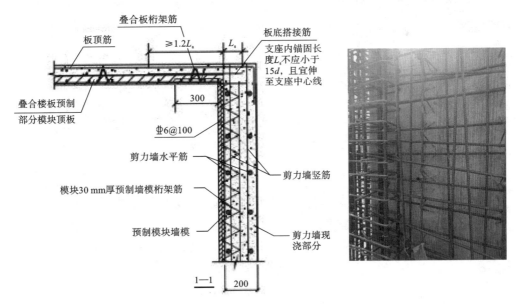

图 3.7 单模块与现浇剪力墙连接节点

图 3.8 是双模块与现浇剪力墙连接的做法,在双模块拼接后形成的中间空隙中现浇剪力墙,使用两侧模块的预制模壳作为剪力墙的侧模,靠模块自重提供混凝土浇筑时的侧压力。剪力墙端头采用 20 mm 厚泡沫板隔离,减少隔墙对结构刚度的影响,模块隔墙之间的缝隙采用防水胶条封堵,避免漏浆。

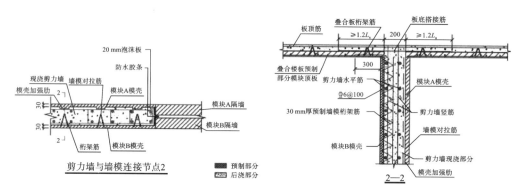

图 3.8 双模块与现浇剪力墙连接节点

图 3.9 是模块与现浇结构梁之间的连接,做法与剪力墙连接相似。图 3.10 是楼板结构图,该结构将模块顶板作为叠合板楼板的预制部分,在其上方浇筑混凝土,两者结合共同形成结构板。

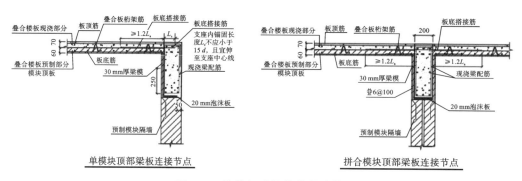

图 3.9 模块与现浇结构梁连接

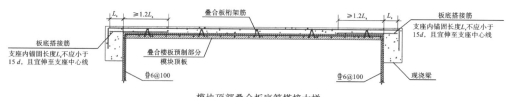

图 3.10 楼板结构图

（5）管线施工。

模块制作时预留线管、水管至使用点，对接公共区域的水电管井（图3.11）。与现在常规叠合板做法不同，模块化工艺不在叠合板上预留贯通的线盒，以免在浇筑混凝土时漏浆污染室内装修。

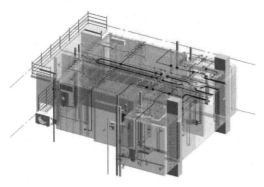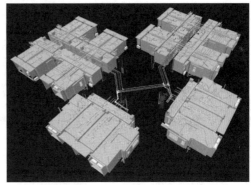

图 3.11　机电管线布置示意图

3.6.3　建设成效

该项目采用模块化建筑技术，在建造品质、建设周期、绿色环保等方面优势突出，取得以下建设成效。

（1）建造品质提升。

该项目90％以上的功能模块在工厂中生产完成，将制作误差由厘米级缩小至毫米级。通过标准化、一体化生产，房间保温、隔热、隔音等性能得到进一步保证，舒适性优于常规建造的住宅，建造品质得到较大提升。

（2）实现智能建造。

该项目打破传统"户型图—构件拆分"思路，遵循"标准模块—标准户型—标准楼栋"的系统设计理念，深度融入DFMA、IDD（数字化交付）技术，全过程应用BIM正向设计，实现建筑产品化、集成化、智能化，实现建筑工业化与智能建造的有机融合。

（3）缩短建设周期。

该项目共用时365天建成5栋100 m高层住宅，相比传统建造方式缩短工期约730天,建设周期为传统建造方式的1/3左右。

(4)减少现场用工。

模块化建筑的单元箱体模块在工厂完成,推动工程建设向规模化集约化生产,从劳动密集型转向技术密集型,进一步减少对现场工人的依赖,成为解决建筑工人老龄化、断层化的新路径。本项目现场实际用工量减少70%。

(5)环保效益显著。

根据欧标(EN 15978)测算,该项目施工阶段碳排放比传统建造方式减少40%。据统计,该项目建筑废弃物排放强度比传统建造方式减少85%。

(6)示范效应突出。

该项目是国内首个混凝土模块化高层建筑,开创了高层建筑混凝土模块化建造的新思路,成为全国保障性住房建设的新标杆。

3.6.4 工期与成本

(1)建设工期。

同类规模的传统项目建设周期约三年,樟坑径混凝土模块化高层建筑项目建设周期为365天,缩短工期约730天,缩短工期比例约67%。

(2)工程造价。

混凝土模块化建造方式与传统建造方式相比,其工程造价增加幅度约30%,主要增加的成本在以下几个方面:

①由于模块化集成建筑中的混凝土墙(或模壳)代替了传统砌体,导致成本增加;

②楼面荷载增加导致钢筋和混凝土的含量略高于常规项目;

③吊装模块箱体需要的施工塔吊为重型塔吊,与常规项目相比增加大型机械费;

④模块箱体较传统预制构件体积大,堆放成本略有增加;

⑤模块化集成建筑中采用装配式装修,较传统装修相比成本有增加。

3.6.5 存在的问题

当前,混凝土模块化、钢结构模块化建筑利用其高度集成化和快速建造等优势,在医院、学校、酒店等项目中得到较好的推广,但因模块化建造方式目前尚处于起步阶段,缺乏相匹配的设计、计价、检测及验收等技术标准,且模块化建筑的模块标准化设计的可复用率不高,较传统建造方式存在造价普遍偏高的问题,不利于模块化建筑的全面推广。

(1)缺乏系统性、产品化、标准化的思维。

行业长期缺乏系统性、产品化、标准化的设计思维和工业化产品理念。建筑设计层面仍是具体项目导向,而非基于工业化产品导向。项目在实施装配式建筑过程中习惯于先按传统方式设计后再进行构件拆分,造成构件复杂、尺寸随意、种类繁多等问题,难以构建标准化、定型化、通用化的部品库,也难以形成规模效应。

(2)规范标准支撑不足。

虽然从国家到地方出台了数十部装配式建筑标准,但针对模块化建筑的规范标准仍寥寥无几。深圳市目前刚刚制定发布了《混凝土模块化建筑技术规程》(SGJ 130),其具体效果还需要行业的验证,还需要积累经验进一步提高完善。

(3)验收规范不匹配。

现行验收程序和办法不适配于模块化建筑,部分验收内容存在工厂与现场重复验收现象;分部分项检验批划分、检验检测及验收流程不适配现行规范和标准。

(4)造价仍然偏高。

项目若采用当前混凝土装配式建筑,建安成本比传统建造工艺总体增加200~300元/m^2,而采用模块化混凝土结构集成建筑,其成本在当前装配式成本基础上又增加了2000~3000元/m^2,过高的造价影响了模块化建筑的推广和应用。

（5）模块化产品市场供应能力尚差。

模块化建造体系的核心是模块单元的设计与生产，应经过科学研究，反复试验，才能妥善解决结构构件与围护构件的关系、结构荷载与施工荷载的关系、轻质化与吊装稳定性的关系、质量与造价的关系等，目前具备此种设计、研发、生产和供应能力的企业还较少。

3.6.6 亟须解决的几个关键技术

（1）标准化设计。

应坚决扭转项目在实施过程中先按传统方式设计后再进行构件拆分的惯性思维，应打造模块化通用部品库，设计时直接从部品库中选择不同模数不同规格的模块进行户型设计，彻底改变模块化建造中构件复杂、尺寸随意、种类繁多，难以构建标准化、定型化，难以形成规模效应的不利局面。这也是保证模块体系研发投入、促进模块技术更新迭代、优化模块产品性能升级、降低模块建筑工程造价的重要基础。

（2）模块减重。

目前的模块单元净重接近 20 t，加上吊具，起重重量达 30 t，对现场起重设备的要求非常高，也是建造成本居高不下的一个主要原因。此外，模块单元自重过大，自身的结构负荷也大，起吊时的验算起到关键的控制作用，因此需在起吊时另外设置加固构件，但这样会进一步加大自重。经测算，因模块自重的增加所导致的主体结构混凝土方量增加约 10%，钢筋用量增加约 10%，建筑物总质量增加约 20%。因此，模块产品下一步研发的重点是优化设计，寻找轻质化材料，增质减重。

（3）模块外墙保温集成。

目前，模块外墙仍然采用传统的外墙内保温做法，集成化程度低，需要开发新型保温材料及保温集成工艺，如改用轻质多空混凝土浇筑模块内外隔墙，研发中空模壳板材、隔墙内置保温材料等。

(4) 模壳装修一体化板材研发。

模壳作为模块的围护体系、主体现浇构件的模板及室内装修的基层,其地位至关重要。需要开发一款集上述功能于一身的材料,减少工序,提高效率,减少自重。

(5) 公共区域模块化。

目前模块仅用于住宅功能空间,公共区域仍然采用传统建造方式,成为模块化建造体系的滞后点。公共区域主要包含楼梯间、电梯厅、走廊等,也具备模块化施工的条件,比如将预制楼梯升级成楼梯间模块,划分出电梯厅模块、走廊模块、管道井模块等,可进一步提高模块化施工的效率。

(6) 验收体系的匹配。

模块化建造程序与传统建造程序相比有着颠覆性的转变,现行验收体系已经不再适应,应进行修订。比如,模块在工厂生产中的监管与验收问题、装修工程早于主体结构的验收问题、主体结构安全与重要使用功能的检测问题、沉降观测的持续时间问题等,都需要进行调整,与之匹配。

(7) 降低造价。

目前模块化建造成本仍然维持在 8000 元/m^2 以上,比传统建筑工艺高出约一倍,比现行装配式建造体系高出 2000~3000 元/m^2,这是影响模块化建造体系快速推广的一个主要原因。要降低造价,必须从标准化设计、批量化生产着手,才能进一步优化产品设计、降低生产成本。

第4章
新型住宅建造的结构问题

在住宅工程设计和建造过程中,结构专业与建筑专业紧密相连,相辅相成,一念之差关乎结构,一线之别涉及建筑。例如,多栋塔楼共立于连体裙房之上,这更多是结构上的多塔问题;若画条线将其断开,问题就转变成了建筑的变形缝问题。再比如,住宅的全混凝土外墙,里面有结构的剪力墙,也有建筑的填充墙,还有一体化施工的现浇构造墙,如果其间设条拉缝,结构是安心了,可建筑就会变得闹心,施工变得烦心。

新型住宅建造的最大特点是集约化建设,一体化施工,纠葛在建筑、结构、施工之间的问题很多。本章选出几个仍有争议、没有定论,却对住宅建设有着重大影响的问题,以专业的知识、不同的视角、务实的态度加以分析论述,希望能减少工程人的一点纠结。

4.1 全混凝土外墙对结构刚度的影响问题

当今高层、超高层住宅工程较多采用全混凝土外墙,全混凝土外墙中除剪力墙外,还包括一些别的墙体,如一定数量的凸窗板、窗边墙、结构洞墙等,这些墙体统称为构造墙。构造墙的建造工艺由原来的砌筑抹灰,优化为现在的混凝土现浇或预制装配,会对结构刚度造成一定影响,因此使用前需妥善处理。目前,针对该问题的处理方式并不统一:有些结构设计师采用调整结构布置的方法来化解全混凝土外墙对结构刚度的影响;有些结构设计师则强调需要采取其他构造措施减小其对主体结构的影响,但这样做可能会引发施工环节的困难以及使用阶段的问题。同时,建设、施工、监理等单位的工程师往往不能充分理解结构设计师的做法,因此在施工环节往往做不到完全按图施工,由此产生了一些矛盾。

构造墙对结构刚度的具体影响体现在:构造墙改变了原来的结构布置,影响了刚度分布,结构模型原有的平动、扭转等参数可能发生改变,导致部分构件承担的应力或产生的变形增大。如果计算时未整体考虑构造墙的影响,也未采取其他构造措施,结构整体或局部可能会出现不满足结构安全的情况。

全混凝土外墙对结构整体刚度的影响程度与结构高度和构造墙类型有直接关系。结构高度决定着构造墙与剪力墙的比例,结构高度越大,剪力墙的占比也就越大,构造墙的占比则越小,构造墙对结构刚度的影响就越小;反之,如果结构高度越小,剪力墙的占比也就越小,构造墙的占比就会越大,其对结构刚度的影响就会越大。构造墙中的凸窗板对结构刚度影响相对较小,窗边墙对结构刚度有一定影响,结构洞墙对结构刚度影响较大;一般情况下,现浇构造墙比预制装配式构造墙对结构刚度的影响要大。

设有结构拉缝(图 4.1)的现浇构造墙对结构整体刚度影响较小,计算时可通过周期折减的方式进行考虑。但位于结构洞处的现浇填充墙(图 4.2)受力相对复杂,在罕遇地震作用下两侧剪力墙墙肢容易发生严重损伤,造成底部墙肢破坏,不利于结构抗震,因此应尽量避免采用此种构造墙。若采用此种构造墙,应补充进行双向罕遇地震下的弹塑性变形验算,并对相邻构件采取适当加强措施。①

对于不设结构拉缝的现浇构造墙对结构整体刚度的影响,本书采用两个典型高层住宅案例的计算分析来进一步阐述。

---

① 出处:周剑,等.含现浇混凝土填充墙剪力墙结构抗震性能计算分析[J].建筑结构,2021,51(S2):872-879.

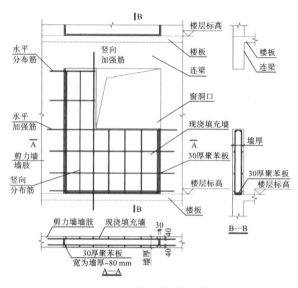

图 4.1 结构拉缝详图

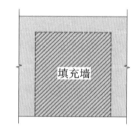

图 4.2 结构洞处现浇构造墙

项目 A

项目 A 为 44 层超高层住宅楼,剪力墙结构,其外墙采用了预制外墙板以及少量混凝土现浇构造墙。为考虑预制构件对主体结构的影响,采用两种不同的方式将预制外墙和构造墙垛建入模型进行计算,验算结构相应参数。

模型一根据《广东省装配式混凝土建筑结构技术规程》第 9.3.5 条规定,将外挂预制墙板的刚度对主体结构的影响通过梁的刚度放大系数来体现,预制外墙板的自重荷载则按照实际容重输入。由于该项目现浇构造墙数量较少且长度较小,位于墙、柱边,呈零星分布,且与基础不连接,其对结构刚度的影响可以暂且忽略不计,仅将自重荷载按照实际容重输入模型。

模型二将预制墙板和现浇构造墙在结构计算软件中按"新增剪力墙"的方式输入,模拟实际工况验算其对结构参数的影响。

两个模型的具体计算结果对比如下。

1)结构自振周期

项目 A 模型一与模型二结构自振周期如表 4.1 所示。

第4章 新型住宅建造的结构问题

表 4.1 项目 A 结构自振周期

类型		模型一	模型二	周期比	备注
结构自振周期 T/s	T_1	4.481	4.3135	0.963	X 向平动
	T_2	3.837	3.7604	0.980	Y 向平动
	T_3	1.842	1.7686	0.960	扭转

以上结果显示,两个计算模型的结构自振周期相差在 4% 以内,说明现浇构造墙和预制外墙对该项目结构自振周期的影响相对较小。

2) 位移角

在地震作用和风荷载作用下,楼层最大层间位移角如表 4.2 所示。

表 4.2 项目 A 层间位移角

类型		模型一		模型二	
方向		X	Y	X	Y
地震作用	最大层间位移角/rad	1/853	1/1175	1/892	1/1199
	所在楼层	37F	39F	37F	40F
	规范限值/rad	1/625		1/625	
风荷载	最大层间位移角/rad	1/697	1/608	1/728	1/632
	所在楼层	27F	44F	27F	44F
	规范限值/rad	1/500		1/500	

由上表可见,在地震和风荷载作用下,两个模型在两个平动方向上的最大层间位移角相差都在 4.5% 以下。可见,该项目现浇构造墙和预制外墙对位移角的影响也不明显。

项目 B

项目 B 为 28 层住宅楼,也是剪力墙结构,与项目 A 类似,也分两个模型进行计算。

1) 结构自振周期

项目 B 模型一与模型二结构自振周期如表 4.3 所示。

表 4.3 项目 B 结构自振周期

类型		模型一	模型二	周期比	备注
结构自振周期 T/s	T_1	3.860	3.521	0.912	X 向平动
	T_2	3.516	3.186	0.906	Y 向平动
	T_3	3.037	2.724	0.897	扭转

以上结果显示,两个计算模型的周期相差在10%左右,说明现浇构造墙和预制外墙对该项目结构自振周期存在一定影响。

2) 位移角

在地震作用和风荷载作用下,楼层最大层间位移角如表4.4所示。

表 4.4 项目 B 层间位移角

类型		模型一		模型二	
	方向	X	Y	X	Y
地震作用	最大层间位移角/rad	1/802	1/1097	1/876	1/1189
	所在楼层	24F	27F	24F	28F
	规范限值/rad	1/800		1/800	
风荷载	最大层间位移角/rad	1/811	1/731	1/1030	1/954
	所在楼层	23F	21F	24F	23F
	规范限值/rad	1/500		1/500	

由上表可见,在地震作用下,两个模型分别在两个平动方向上的最大层间位移角相差在8%左右;在风荷载作用下,相差在22%左右。可见,项目B现浇构造墙和预制外墙对位移角的影响不容忽视。

从上述结构分析来看,作为超高层住宅楼的项目A,由于其构造墙相较于剪力墙占比较小,因此按规范进行周期折减以后计算结果与按实际情况建模计算结果相比,平动和扭转时的结构自振周期、最大层间位移角相差都在4%左右。上述结果表明这种情况下构造墙对结构整体刚度的影响较小,结构可采用包络设计,不设结构拉缝。

30层以下的项目B,构造墙相较于剪力墙占比较大,按规范进行周期折减以后计算结果与按实际情况建模计算结果相比,结构平动和扭转时的结构自振周期相差在10%左右,地震作用下的最大层间位移角相差在8%左右,风荷载作用下的最大层间位移角相差在22%左右。上述结果表明这种情况下构造墙对结构整体刚度的影响较大,如果继续采用包络设计,代价过高,因此可考虑设置结构拉缝,但需加强拉缝处抗裂防渗设计。

结构拉缝在施工现场的执行情况较差,绝大多数项目未严格设置结构拉缝。此外,设置结构拉缝容易导致结构在未经历较大地震和风荷载的情况下即沿拉缝方向出现裂缝,产生渗漏。因此,许多施工人员对此非常担心,排斥该做法。考虑到深圳住宅以高层和超高层为主,设计师应尽量以不设结构拉缝为原则,对结构布置进行优化调整,将构造墙化整为零,取消结构洞墙,将窗边墙优化成外挂预制构件,减小构造墙对结构整体刚度的影响。

对于必须要设置结构拉缝的工程,建议在需要设置拉缝处预埋 $\phi 50 \sim 75$ 的 PVC 或钢质管材代替拉缝板,同时绑扎定位准确,在外侧预留足够厚度的抗裂钢筋混凝土层。这样既可保证在结构不经历较大地震和风荷载的情况下不沿拉缝方向出现开裂,也能在拉缝处适当削弱构造墙与结构构件的连接,关键时候减小对结构整体刚度和变形的影响,确保结构安全。

4.2 塔楼嵌固与多塔结构问题

塔楼嵌固及多塔结构是结构设计时的复杂问题,是需要加强概念设计、验算复核和构造措施的关键环节。结构设计师往往为避免设计多塔结构所引发的超限审查,选择使用变形缝(图4.3和图4.4)将裙楼断开,但这样做又会给防水和使用带来一系列的问题。

图4.3 埋入土中的变形缝

图4.4 变形缝下的接水槽

裙房屋面,尤其是面积较大、连片设计的裙房屋面,往往在覆土绿化后作为小区主要的室外活动场地使用。如设置的变形缝高出地面将严重影响使用(图4.5),只能埋入土中,最多与地面齐平,变形缝处容易发生向下层空间的渗漏。从现场施工和后期使用的角度来看,不设缝似乎是最佳选择,但从简化结构设计和减少抗震措施费用的角度出发,设缝断开更有利。面对两难,建筑专业倾向于不设缝,由结构专业承担挑战;结构强调安全至上,认为应将防水防漏与使用便利性的压力留给建筑专业去处理。两个专业间的争议很大。

从住宅项目现场了解的情况来看,是否设缝与住宅项目的品质有关,品质较高的住宅项目一般不设置变形缝,品质相对较低的则会考虑设置变形缝。当然,是否设缝最终由结构设计师根据结构布置情况以及项目的造价控制目标综合确定。

从设计院的角度出发,不设缝形成多塔结构无疑是增加了结构设计的难度。如果仅因多塔结构这一条超限而需要走超限审查程序的话,设计周期至少延长一个月以上,还有几万元的费用需要设计团队来承担,设计团队可能会放弃不设缝的方案。

图 4.5　高出地面的变形缝阻断交通

如果结构本身就已经存在超限的情况,本来就要走超限审查程序,那么再多加一条超限也无妨,设计团队可能就会坚持不设缝的设计方案。

若单纯从结构设计的角度出发,是否设置变形缝,是否做成多塔结构,应根据实际工况综合考虑。

(1) 工况一:地下室顶板嵌固。

选择在地下室顶板作为塔楼的嵌固端是比较理想的,也是最常用的做法。如地下室顶板以上不设裙房,或者仅设零星裙房,按塔楼影响范围合理设置变形缝将裙房断开,所设置的变形缝允许高出屋面,也就有条件采取可靠的防水措施。零星裙房屋面一般不设置大面积的覆土绿化,也不作为小区主要的室外活动场地,因此基本不受高出屋面的变形缝构造的影响,这是比较理想的工况和解决办法。

(2) 工况二:半地下室顶板嵌固。

当某一楼层有超过 1/4 周长的顶板高出室外地面的高度不大于 1.5 m,而其他部分顶板高出室外地面的高度超过 1.5 m 时,该层即被称为半地下室。这是《深圳市建筑设计规则》所定义的半地下室概念,由于深圳市处于丘陵地带,地下室四周的地面高差较大,地下室各边埋入地下的深度往往不同,因此深圳市的半地下室的定义比国标更加具体。在 2015 年 11 月份《深圳市建筑设计规则》的第一次修订后,其中对"半地下停车库上方提供露天公共绿化活动场地的部分可不计入建筑覆盖率和基底面积"的规定,进一步激发了住宅项目采用半地下室顶板作为小区花园的设计热情。设计者们将完全高出地面的部分做成配套商业或公共服务设施用房,在半地下室顶板上构建了一个几乎没有裙房或者仅有零星裙房的小区花园。深圳市的这种半地下室的顶板与地下室的顶板没有太大区别,也可以作为塔楼嵌固端,是否设置变形缝与塔楼在地下室顶板嵌固时一致。

(3)工况三:塔楼下设有连片裙房。

当地下室或半地下室顶板以上设有面积较大的连片裙房时,裙房的屋面往往会设置覆土绿化或作为小区的主要室外活动场地,这种情况下,裙房顶板既要满足一般地下室顶板的功能需要,又要配合商业或其他功能需求而"开大洞""窄连板",因此其顶板结构不像一般地下室那样完整。此时,裙房是否设置变形缝的争议较大。

如图 4.6 所示,超高层塔楼下设有 2～3 层连片商业裙房,裙房屋面作为小区的花园使用,设置有覆土绿化。这些区域需要相互连通,不允许设缝凸起。裙房的下层作为商业或社区配套用房对渗漏也非常敏感。这种项目的裙房绝大部分区域是不能通过设置变形缝断开的,因此只能按照多塔结构来设计。

图 4.6 设有连片裙房的小区

在 2002 版《高层建筑混凝土结构技术规程》中,多塔结构是作为复杂结构单独来讲的,而 2010 版《高层建筑混凝土结构技术规程》淡化了这一概念,与新增的"体型收进""悬挑结构"的相关内容合并,统称为"竖向体型收进、悬挑结构"。这种规范层面的变化,可能也反映了业界对"多塔结构"认识的一种转变。在过去,受计算机性能的局限,多塔结构的计算较为困难,因此对多塔结构的处理往往还是停留在概念设计上。随着计算机性能大幅提升,结构计算软件可以对多塔结构开展更加精确的计算,渐渐发现多塔结构的影响并没有那么可怕,结构设计是可控的。于是业内开始大胆采用多塔结构。

首要的措施便是进行联合建模计算。联合建模计算需要将所有塔楼、裙房,必要时连地下室结构一起建模计算,再分别包络各栋塔楼单独计算的结果。多塔结构对塔楼的影响非常有限,主要局限于塔楼底部与裙楼相连的楼层;多塔结构对裙楼的影响较大,因此需要根据塔楼的抗震等级来确定多塔结构影响范围内裙楼构件的抗震等级。当塔楼结构相对于底盘结构偏心收进时,应加强底盘周边竖向构件的配筋构造措施。多塔结构的裙房顶层楼盖起着协同各塔楼共同工作的作用,由于塔楼与塔楼之间的相互作用,裙房屋面层楼板中会产生较大的水平力和弯矩,因此应加强裙房屋面层梁板的刚度和承载力,并加强其与各塔楼之间的连接构造。裙房顶层楼盖上下各层楼板也应加强构造措施。

从造价增加上来说,多塔结构对塔楼结构造价增加的影响在百分之几这个数量级,对裙房本身的影响要大一些,可能会到10%这个量级。尽管多塔结构会增加总体的造价,但若通过设置变形缝来取代多塔结构,则需权衡变形缝设施、双柱双梁、渗漏水维修、对商业和花园正常使用的不利影响以及对整个楼盘品质的拉低这些因素对经济效益的影响。综合考虑,设置变形缝未必会比多塔结构更划算。

综合以上论述,为进一步减少变形缝引起的渗漏现象及其对正常使用功能的影响,同时平衡建筑和结构等专业设计的难度,兼顾施工的便利性和造价的合理性,建议对变形缝的设置做如下要求。

(1) 地下室、半地下室结构顶板和裙房屋面存在覆土绿化或作为小区室外公共活动场地的项目,一般不应设置变形缝;若绿化和活动场地采用分区设置,无须跨越变形缝,可考虑设置高出地面的变形缝,以强化变形缝处的防渗漏措施。

(2) 地下室顶板以上裙房面积较小且零星布置的项目,宜按塔楼影响范围合理划分变形缝,且变形缝上口不得埋入土中或与屋面、地面齐平,应高出两侧完成面至少200 mm,以便于加强变形缝处的防渗漏措施。

(3) 当裙房之间的连廊、连桥下为室外空间,或连廊、连桥采用装配式构件建造时,这些情况下的连接结构受多塔结构的影响较大,结构专业处理困难,故可考虑设置变形缝。变形缝在采取可靠防渗漏措施后可与两侧或单侧地面齐平,但变形缝两侧600 mm范围内不得覆土或设置景观水池。

最后一条主要是考虑到一些内街式的商业裙房,其商铺外部多为露天环境,主要靠廊道、天桥等进行连接,如果不允许在这些区域采用与地面齐平的变形缝,将严重影响设计方案的顺利实施。毕竟,此类室外环境受变形缝渗漏的影响没有室内环境那么敏感。

4.3 施工现场的结构回顶问题

在施工现场,常因后浇带、施工洞、分段施工等原因导致结构出现不完整、不连续现象,或出现施工荷载超过设计荷载的情况。为解决这个问题,现场往往采用钢管脚手架进行临时回顶。

4.3.1 钢管架脚手架回顶失败的教训

一起混凝土换撑板垮塌事故的惨痛教训如图4.7所示。

图4.7 钢管脚手架回顶混凝土换撑板失败的案例

2020年4月21日早上6点30分左右,宝安某项目一组跨度约34 m的混凝土换撑板发生垮塌,造成一人死亡。垮塌的主要原因是用于支撑的钢管脚手架在回顶大跨度水平混凝土换撑板时,无法限制其变形,最终导致结构失稳垮塌。

由于该项目地下室负一层层高达10.8 m,其中间夹层留大洞,部分梁板不连续,不能满足基坑支护换撑的要求,因此设计人员在洞口处设计了混凝土临时换撑板,使其与负一层夹层梁板在同一标高。如图4.8所示,现场施工人员结合现场条件,在原换撑构件设计的基础上进行了优化调整,以充分利用原基坑支护格构柱,避开永久结构柱。从便于施工的角度出发,如此调整基本合理。调整之后,换撑板成功避开了所有结构柱,中间靠4根格构柱临时支撑,满堂支模架保留不拆,浇筑后架体稳定。

负一层夹层梁板和换撑板混凝土达到设计强度后,作为基坑支护的换撑构件开始发挥作用,于是现场对原来基坑支护的内支撑梁进行了拆除,随后施工了地

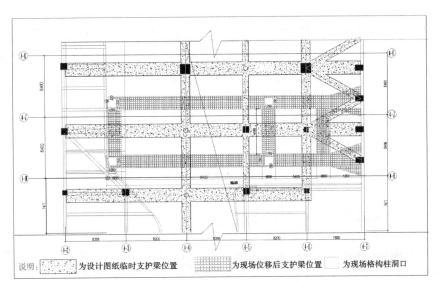

图 4.8 换撑板示意图

下室顶板。至此,换撑板完成了使命,等待拆除。但拆除的顺序出现了严重失误,施工人员先将中间竖向支撑的格构柱进行了拆除,以为仅靠满堂钢管脚手架便可以承担换撑板的全部荷载。拆除格构柱后,支撑板最大跨度由原来的 19.1 m 变成 34.55 m,计算挠度值增加有 8 倍之多。更可怕的是,4-3 轴附近的两根格构柱实际上是换撑板的边柱,因为换撑板在这一端仅锚固在了宽度只有 250 mm 的悬挑边梁上,这种连接弱到根本算不上支座。此处格构柱拆除之后,换撑板实际上接近一个跨度达 34 m 的悬挑结构,挠度计算值达原先的百倍之上。钢管脚手架可以承担竖向荷载,但抵抗不了换撑板的变形,局部架体的拆除所引起的变形无法收敛,最终导致了换撑板的整体垮塌。

跨度达 34 m 的换撑板,其厚度仅有 400 mm,形成了高达 50 的跨厚比,并且存在大比例开洞,使得该换撑板类似一组弹簧薄片,其对两端的支撑作用非常有限。在两端水平力作用下,换撑板会发生弧形或者波浪形的屈曲变形(图 4.9),限制这种变形需要的力远远大于换撑板的自重,是钢管脚手架所无法承受的,更何况受力并不均匀。随着两端水平力的加大,换撑板的变形也在加大,此时换撑板向上变形区域的钢管已经脱离板底,退出支撑工作,换撑板向下变形区域的钢管可能也接近破坏的临界状态。如果两端水平力足够大,即使满堂钢管脚手架一根也不拆,换撑板也可能会出现垮塌。之所以换撑时它没有垮塌,也许只是因为这个换撑板在当时实际并没有起到支撑两端的作用。

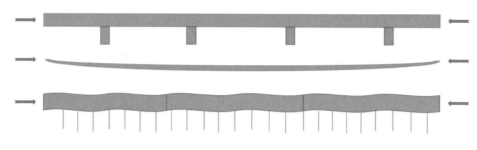

图 4.9 换撑板的变形

4.3.2 钢管脚手架回顶的结构局限性

钢管脚手架、盘扣架、碗扣架都是杆系结构,杆间连接处近似铰接,端头为自由端。这种结构因其自身刚度较小,因此变形很大,不具备约束所支顶结构变形的能力,只能用来承载临时性的竖向整体荷载。适用于钢管脚手架支顶的结构主要有两种,一是结构自身刚度很大,没有变形或者仅有微小变形,这种情况的钢管脚手架始终处于全截面受力状态,符合计算的假定;二是结构自身刚度很小,可以随着钢管脚手架一起变形,这种情况(如在所支顶混凝土终凝之前的工况)的钢管脚手架也基本处于全截面受力状态。

前文的事故中,被移位脱离的结构柱和先行拆除的格构柱不只承担换撑板的自重,还起到约束换撑板的平面外变形、保证换撑板稳定的作用。作为约束,就需要其在刚度上接近或大于所顶换撑板的刚度。而钢管脚手架的刚度过小,因此在格构柱拆除之后,再无构件可以限制换撑板的变形,换撑板类似一条弹簧薄片卡在两端外墙之间。任何横向扰动,如局部支撑架体的拆除,都足以引发不收敛的变形,最终导致结构失稳破坏。

4.3.3 钢管脚手架回顶的几种常用场合

(1) 楼面上的钢筋加工场。

施工现场因用地紧张,往往将刚刚浇筑不久的地下室顶板,甚至普通楼面临时用作钢筋加工场。钢筋加工场本身使用荷载不算太大,但往往堆有大量成捆钢筋原材,动辄几十上百吨集中堆放,如图 4.10 所示。堆放范围也往往缺乏考量,经常出现紧挨后浇带或施工段边跨堆放的情况。

第4章 新型住宅建造的结构问题

图 4.10 楼板上的钢筋加工场

面对这种情况,施工现场往往选择使用钢管脚手架进行回顶,或者将支模架保留不拆。这样会导致原设计的中间跨因后浇带和施工段划分成了边跨,在超过原设计荷载几十倍甚至上百倍的外力作用下,楼盖变形挠度将远远超过其设计值。前文已分析过,钢管架几乎没有能力抵抗结构变形,这样做可能会造成梁板的变形开裂。

事实证明,无论回顶与否,用作钢筋加工场的梁板,其开裂情况都非常普遍,项目上应当首先避免将钢筋加工场设置在楼面上,如果实在避免不了这种情况,应该让设计人员进行结构补强核算,并提前规划出钢筋加工场地,不要再盲目信赖钢管脚手架回顶的作用了。

(2)内支撑梁拆除现场。

基坑支护内支撑梁拆除现场与钢筋加工场情况类似,都发生在刚刚浇筑不久的地下室楼面或顶板上,同样面临后浇带未封闭的问题,且施工荷载远超过设计荷载。现场多通过不拆支模架的方式来应对。在分段拆除支撑梁的时候,一般每段支撑梁的长度为 2 m,每段重 5 t 左右,加上叉车的重量,一共 10~15 t 的重量,这么大的重量在楼面上行走,再加上集中堆放和转运时的动荷载影响,仅靠钢管脚手架的回顶是避免不了楼板开裂的。

(3)后浇带两侧临时悬挑构件回顶。

后浇带应尽量设置在跨中三分之一处,以避免出现较长的临时悬挑构件。如果构件上无其他临时堆载的话,仅靠原设计中间支座的负弯矩配筋就可以承载临时悬挑构件的自重。但是,如果悬挑范围内有较大堆载(比如成捆钢筋、支撑梁断块、大型设备配件、成件的钢管、模板等),可能会超过临时悬挑构件的承载能力,引起结构向下的变形,使用钢管脚手架回顶无法限制结构的变形,无法避免构件损伤。因此,在后浇带两侧和施工段边缘,施工现场的首要任务是画出悬挑范围,采用物理隔离措施,杜绝出现堆载现象。

第 4 章 新型住宅建造的结构问题

4.4 铝模和预制构件工艺带来的梁筋绑扎问题

作为全国首批装配式建筑示范城市,深圳市坚持循序渐进、多措并举地探索实践以装配式建筑为代表的新型建筑工业化;2023年,深圳市装配式建筑建设总规模达到7501万平方米,新开工装配式建筑占新建建筑面积比例达到50%,其中新开工的住宅工程都是装配式建筑。装配式建筑中使用最为广泛的两种工艺就是铝模和预制构件,这两种工艺对梁筋绑扎带来了新的困难,导致梁筋绑扎质量严重下滑,需要采取措施加以纠正。

4.4.1 住宅工程梁筋绑扎质量严重下滑的主要原因

铝模和预制构件的普遍使用,给梁筋绑扎带来了新的困难,导致梁筋绑扎质量严重下滑。许多梁的纵筋存在上下、左右偏位(图4.11(a))、聚簇一团等问题,钢筋定位及净距无法保证。许多梁的纵筋与箍筋之间漏绑严重,有的甚至根本无法形成钢筋笼,只是将钢筋按设计要求的数量简单堆砌于梁槽内(图4.11(b))。造成这种局面的主要原因是过去常用的抬梁绑扎和留侧模绑扎的工艺不再适用于铝模和预制构件,其具体使用情况如下。

(a)　　　　　　　　　　　(b)

图 4.11　梁筋绑扎质量现状

(1) 预制构件预留筋导致梁筋无法架起绑扎。

叠合板和预制凸窗的预留筋会阻挡梁槽上口(图4.12(a)、(b)),严重影响梁筋穿绑,过去木模时代梁筋绑扎完成后再放入梁槽的做法无法适用(图 4.12(c)),对于设有腰筋和二排纵筋的梁更是如此。

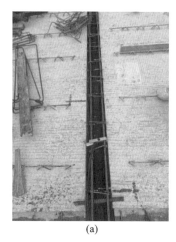
(a)

(b)

(c)

图 4.12 叠合板预留筋影响梁筋绑扎

(2)剪力墙水平筋导致梁端无法架起绑扎。

剪力墙水平筋一般是提前绑扎的,绑扎到位后,梁的底部钢筋要伸入其中,导致梁筋无法架起绑扎(图 4.13)。

(a)

(b)

图 4.13 剪力墙水平筋导致梁端无法架起绑扎

(3)中间部位的铝合金侧模不可后封。

过去采用木模工艺时,遇到梁筋不好绑扎的时候,可以把梁的侧模预留不装,或者将其装好之后再拆下,从梁身的侧面绑扎梁筋,这种方法方便、快捷,还能保障梁筋的绑扎质量。但采用铝模工艺时不可以这样做,因为铝模和木模的支撑体系不一样。木模板依靠支模架进行支撑,有竖杆、横杆、斜杆,是一个稳定的体系,木模板本身只承担竖向荷载。但是,铝模的支撑体系主要依靠铝模板所形成的统一的整体结构,其中梁的侧模是传递水平力、保证铝模体系稳定安全的重要构件(图4.14),所以铝模体系可以不需要横杆和斜杆。如果铝模体系中不装梁的侧模就在铝模平台上进行吊装和绑扎作业,将会变得非常危险。

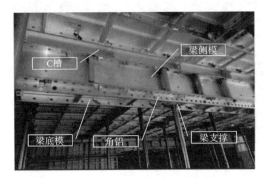

图 4.14　铝模体系中的梁侧模

(4) 梁槽内绑扎钢筋难度大。

在梁无法抬起绑扎,且梁的深度较大时,加之有叠合板预留筋的阻挡,工人在梁槽内绑扎梁筋的难度极大。他们往往需要双膝跪地,双手下伸,脸贴钢筋,进行艰难的绑扎作业,因此无法保证梁筋质量(图4.15)。对于高度超过600 mm的梁,其底部纵筋几乎无法靠人力在梁槽内绑扎。

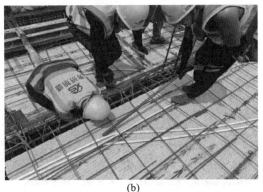

(a)　　　　　　　　　　　　　　(b)

图 4.15　梁槽内绑扎钢筋难度大

4.4.2 提升住宅工程梁筋绑扎质量的方法

住宅工程梁筋绑扎的质量下滑是由新的建造工艺引起的,应根据不同的建造工艺采取不同的绑扎方法和绑扎顺序,将影响降到最低。我们通过长期细致的调研,总结出六种梁筋绑扎方法(图 4.16),并结合绑扎顺序的优化,给出提升梁筋绑扎质量的措施。

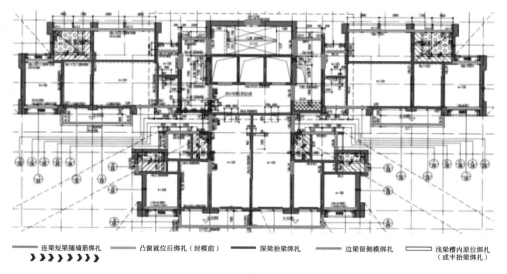

图 4.16 梁筋绑扎作业图

(1)连梁、短梁随剪力墙钢筋一起绑扎。

连梁是剪力墙的一部分,一般跨度不大,其两端连接着剪力墙。可以将这种连梁和短跨梁与剪力墙钢筋一起绑扎,绑扎之后与剪力墙一起封模板(图 4.17)。

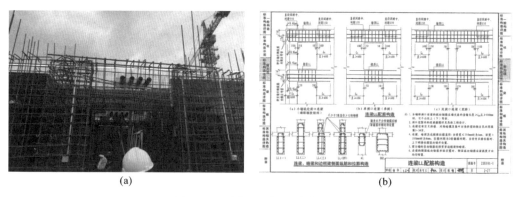

图 4.17 连梁、短梁随墙筋绑扎

(2) 深梁抬梁绑扎。

梁高超过 600 mm 的梁,几乎无法在梁槽中对梁底部钢筋进行绑扎,要想办法把梁抬起才能进行绑扎。如果受两端剪力墙水平筋影响而不能抬梁绑扎的,可以采取以下的方式处理:剪力墙的水平筋不伸入边缘构件,而是在边缘构件的侧面断开;在绑梁的时候,用一个反向的 U 形开口箍筋和梁筋一起绑扎,从梁端向剪力墙方向伸出,落梁的时候随梁筋一起落下,然后将反向的 U 形开口箍筋与断开的剪力墙水平筋进行搭接绑扎(图 4.18)。

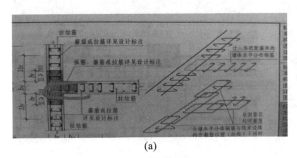

(a)   (b)

图 4.18 深梁抬梁筋绑扎

(3) 叠合板预留筋临时弯折抬梁绑扎。

当叠合板的预留筋影响梁筋绑扎时,可以把叠合板的预留筋临时弯起,或者在工厂中直接把对应位置预留筋进行弯折,再进行正常的抬梁绑扎(图 4.19)。最后,待梁筋绑扎完成后再将叠合板预留筋弯折回来。值得注意的是,对于上述预留筋需要先弯折再恢复原状的情况,必须进行全面的跟踪检查。目前市场上出现了不设预留筋的叠合板建筑产品,可以选用(图 4.20)。

图 4.19 叠合板预留筋临时弯折抬梁绑扎   **图 4.20 不设预留筋的叠合板**

(4)边梁留侧模绑扎。

对于建筑物四周的边梁,其外侧边模独立在侧面,与顶模不相连,不装侧模不影响整个模板的整体受力安全。梁筋绑扎要充分利用这个有利条件,协调好模板安装与梁筋绑扎的工序安排,对边梁进行绑扎(图4.21),可以实现事半功倍的效果。

图4.21 边梁留侧模绑扎

(5)凸窗就位后封模前绑扎内侧梁筋。

凸窗就位后,在支模板之前,先把内侧的梁筋绑扎(图4.22)。这种情况下可以利用凸窗的预留筋及两侧的墙筋作支撑,其作业高度一般不高,绑扎难度不大,可以保证绑扎质量。如果先行封装梁模,在梁槽内绑扎的难度就大多了。

(6)浅梁槽内原位或抬起一半梁高绑扎。

当梁没有其他可利用的条件时,就只能加强现场管理要求,严格按照规范在梁槽内认真地进行绑扎。如果梁上部纵筋只有一排,可以考虑将梁抬起一半梁高进行绑扎(图4.23),以减小绑扎难度。在图纸会审时,如果有些梁钢筋很密,又设有二排筋和腰筋,可以提出要求请设计人员进行优化,争取修改为能够抬起一半梁高进行绑扎的条件,以便于施工。

第 4 章 新型住宅建造的结构问题

图 4.22 预制凸窗内侧梁筋绑扎

图 4.23 抬起一半梁高绑扎

4.4.3 住宅工程梁筋绑扎质量提升的管理措施

应根据项目实际情况,认真分析,明确各部位梁筋的合理绑扎方案,综合利用多种绑扎方法,在技术交底前应形成"梁筋绑扎作业图"(图 4.24),并强化以下管理措施。

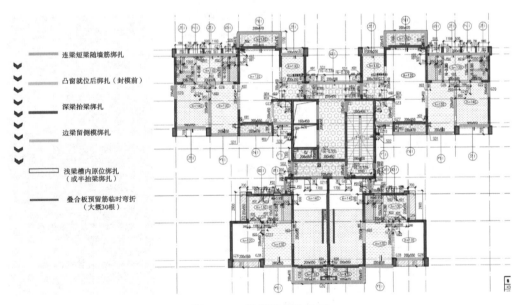

图 4.24 梁筋绑扎作业图

(1)改掉"以包代管"的习惯,切实把梁筋绑扎管起来。

（2）技术总工应亲自编制梁筋绑扎施工方案，绘制确定梁筋绑扎方法和绑扎顺序的"梁筋绑扎作业图"。

（3）技术总工和生产经理在"梁筋绑扎作业图"基础上向班组进行交底。

（4）现场按"梁筋绑扎作业图"进行施工，每条梁绑扎完成后即组织验收。

（5）监督机构按此要求组织检查。

根据项目特点和实际情况，绘制"梁筋绑扎作业图"，合理选择、综合利用、科学穿插这六种方法，可有效提升住宅工程的梁筋绑扎质量。

4.5 住宅楼板开裂与配筋问题

目前住宅工程的楼板开裂问题依然较为普遍,一个主要原因是楼板面筋不连续。在长期细致调研的基础上,本书提出住宅楼板双层双向通长配筋的建议,并已在一些项目上推行试用,取得了一定效果。本书就推行该项措施的有关情况及相关技术细节做详细阐述。

4.5.1 住宅楼板配筋方式的现状

(1) 住宅楼板面筋不连续的情况。

住宅楼板中,公共区域的楼电梯厅和过道、户内的厨房、卫生间、阳台及跨度较大房间或厅的楼板一般采用双层双向配筋,除此之外,还有面积占比约为40%的楼板面筋不连续(图4.25)。设计院往往仅从楼板竖向受力的角度考虑,认为不需要将所有楼板的面筋都连续通长设置。再加上设计合同中配筋限额的要求,导致这些区域的楼板没有双层双向通长配筋。目前有相当数量的住宅项目标准层的楼板都采用这种设计。

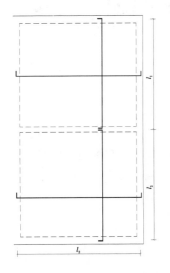
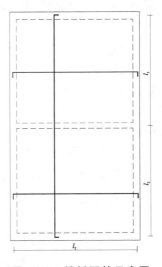
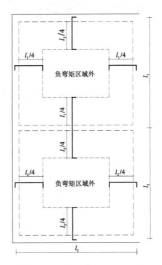

图 4.25 楼板配筋示意图

（2）住宅楼板面筋不连续的隐患。

在负弯矩区域外不配面筋的楼板，其钢筋直径往往不大，由于没有通长配筋，因此其钢筋网的自我支撑能力较差，在钢筋绑扎或浇筑混凝土时，工人的踩踏易对钢筋绑扎质量造成严重破坏（图4.26(a)），导致负弯矩钢筋移位，计算高度被减小，承载力大大降低，楼板挠度加大，造成楼板底部开裂（图4.26(b)）。此外，由于面层钢筋在负弯矩区域外不连续，楼板中的预埋管线对楼板厚度的影响得不到钢筋的补强，且缺少上层钢筋的有效固定，浇筑时预埋管线极易上浮至楼板表面，导致楼面开裂。

 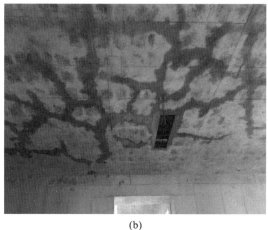

(a) (b)

图4.26 楼板面筋不连续的隐患

（3）住宅楼板双层双向通长配筋的障碍。

楼板面筋不连续是导致楼板开裂的主要因素之一，将楼板的负弯矩钢筋通长布置形成双层双向配筋，可大大提高钢筋网的自我支撑能力和抵抗施工踩踏破坏的能力，减少预埋管线对楼板承载力和耐久性的影响，有效减小楼板开裂的风险。而阻碍楼板全部采用双层双向配筋的因素之一是它会增加造价，在下一小节中将具体分析造价增加的情况。

4.5.2 住宅楼板双层双向通长配筋对造价的影响

将楼板的负弯矩钢筋通长布置形成双层双向配筋会增加楼板钢筋的用量，进而增加工程造价，具体影响如下。

(1) 影响范围。

需要改为双层双向通长配筋的楼板主要集中在住宅、公寓、宿舍等建筑物的标准层中,且仅为其中的部分楼板,因此对住宅的地下室、裙房、屋面等几乎没有影响。

(2) 钢筋增加量。

以高层住宅楼为例,需要改为双层双向通长配筋的楼板主要位于客厅和房间区域,约占套内面积的50%,楼层面积的40%。在这部分楼板中,其负弯矩筋原本布设在楼板四周的各四分之一跨度范围内,改成双层双向通长配置时,需要额外增加楼板中间范围内的面筋,因此增加的钢筋铺设面积约占整层面积的10%,假设楼板底筋与面筋同规格、同间距,那么增加的钢筋用量约为5%。此外,替换原来负弯矩区内的小直径构造钢筋也会增加钢筋用量,因此总钢筋增加量约为原楼板钢筋用量的10%。

(3) 造价增加量的计算示例。

以一个标准层面积为500 m² 的住宅楼为例,其楼板钢筋采用直径8 mm 的钢筋规格,间距为150 mm,每增加一平方米钢筋铺设面积增加的钢筋用量约为5.53 kg(单层双向),替换原来负弯矩区小直径构造钢筋所增加的钢筋用量为1.877 kg/m²,(构造钢筋按 Φ6@250)。楼板中间需增设面筋的区域占整层楼板面积的10%,负弯矩区面积占整层楼板面积的30%,分摊到整层楼版,则标准层每平方米钢筋计算增加量约为 5.53×10%+1.877×30%=1.116(kg)。钢筋购买、制作、安装综合费用按5000元/t计算,造价增加约5.58元/m²,一个标准层增加 5.58×500=2790(元),总高按30层计算,整栋楼增加费用为 2790×30=83700(元)。其他常用规格列表计算如下。

表 4.5 楼板常用钢筋增加量计算表

常用钢筋直径@间距	非负弯矩区实际铺设重量/(kg/m²)	负弯矩区构造钢筋替代的增加量/(kg/m²)	标准层每平方米钢筋增加值/(kg/m²)	楼板钢筋增加比例/(%)	标准层总钢筋增加比例/(%)	标准层每平方米造价增加值/(元/m²)
Φ8@200	3.95	1.087	0.721	10.04	1.44	3.61
Φ8@150	5.53	1.877	1.116	11.22	2.32	5.58

续表

常用钢筋直径@间距	非负弯矩区实际铺设重量/(kg/m²)	负弯矩区构造钢筋替代的增加量/(kg/m²)	标准层每平方米钢筋增加值/(kg/m²)	楼板钢筋增加比例/(%)	标准层总钢筋增加比例/(%)	标准层每平方米造价增加值/(元/m²)
Φ10@200	6.17	2.197	1.276	11.53	2.55	6.38
Φ10@150	8.64	3.431	1.893	12.31	3.79	9.46

注:1. 构造钢筋按 Φ6@250 计算,标准层钢筋用量按 50 kg/m² 计算。
2. 为简化计算,将板的净跨度和计算跨度取为图纸跨度,长方形板简化为正方形板,这些简化对计算结果影响不大。

此外,楼板改为双层双向通长配筋后,节省了预埋管处的抗裂钢筋网片,节省了整改工作量和人工费用,叠合板桁架筋也可以代替一部分面筋。综合计算,造价的实际增加量在上表基础上还可以有一定比例的下调。

综上所述,住宅楼板如果全部采用双层双向配筋,平摊到标准层每平方米的钢筋增加量为 1~2 kg,为增加前标准层钢筋用量的 2%~4%,标准层每平方米造价增加值为 3~10 元,占工程每平方米造价的 0.1%~0.2%。

4.5.3 住宅楼板双层双向通长配筋的案例介绍

深圳某项目,按原设计施工楼板开裂较为严重,采取各种防开裂措施后仍不见好转,最后将楼板配筋全部变更为双层双向通长设置,之后浇筑的楼板开裂情况明显减少,效果立竿见影。如图 4.27 所示,楼板双层双向通长配筋后,板筋的绑扎质量有明显提升,能够充分保证钢筋的定位、间距、保护层厚度和稳定性,绑扎效率也有明显提高,楼板抗裂性能得到大大改善。

关于该项目的钢筋增加量,我们也进行了实测实量(图 4.28)。该住宅项目标准层 550 m²,实测未设面筋区域的面积为 70.63 m²,按双层双向通长设置后,每层钢筋实际增加量约为 300 kg,约合造价 1500 元。

4.5.4 住宅楼板双层双向通长配筋的几个技术细节

(1)楼板双层双向通长配筋的出发点是为了提高绑扎质量。

住宅楼板原先面筋不连续的配筋方式严重影响楼板钢筋的绑扎质量。因此,要求楼板双层双向通长配筋不是为了增加配筋率,而是为了提升绑扎质量,进而

图 4.27 楼板双层双向通长配筋后的绑扎质量

图 4.28 钢筋增加量实测实量

提高楼板的抗裂和承载能力。

(2) 楼板配筋不光要"双层双向",更要强调"通长"设置。

很多项目接到楼板双层双向配筋的要求后,只是用短钢筋将未设面筋的区域补齐,这样虽然达到了"双层双向"的要求,但负弯矩筋与短钢筋之间仍然只是简单绑扎,非常容易被踩踏扰动导致变形脱位,这样做对钢筋绑扎质量的提升非常有限。因此,楼板配筋不光要"双层双向",更要"通长"设置。

(3) 对边负弯矩钢筋规格间距不同的处理。

将楼板负弯矩钢筋通长布置时,如果是在原有不连续的配筋图基础上进行修改,遇到同一块楼板对边负弯矩钢筋规格间距不同的情况,可以仅将小直径、大间距的负弯矩钢筋通长至对边的负弯矩区,大直径负弯矩钢筋绑扎质量相对可控,可不通长设置。

(4) 叠合板楼板如何落实双层双向通长配筋的要求。

叠合板楼板的预制部分钢筋按设计要求,现浇层内需设置一层双向通长钢筋,其桁架筋可以作为面筋使用。

(5) 关于设计变更的准确描述。

为了落实楼板"双层双向通长配筋"的要求,设计院需补发设计变更。补发设计变更时需注意准确描述,如某设计变更直接将楼板面筋改为"⌽8@200 双向通长",这样的描述有可能造成某些负弯矩区配筋不足的情况。在满足"双层双向通长配筋"的要求下重画不同楼层的板配筋图是最为合理的做法;如果只能在设计变更中采用文字描述的方式进行变更,需要考虑到不同情况,准确表达。

(6) 关于板筋直径间距的最低要求。

关于板筋的直径和间距,首先需要根据结构计算确定。除此之外,我们最低的要求是"面筋直径不得小于 8 mm,同时将支座负弯矩钢筋拉通,形成双层双向通长配筋"。若能按"住宅楼板设计厚度不得小于 120 mm,并应双层双向通长配筋,钢筋直径不得小于 8 mm,间距不得大于 150 mm"的这个更高层次的要求来执行,其效果将更加显著,只是造价增加值会有所提高。

4.5.5　推行住宅楼板双层双向通长配筋的建议

住宅楼板双层双向通长配筋作为一项可有效提高板筋绑扎质量、提升楼板抗裂承载能力的措施,成本较低,应该被大力推广。仅靠监督机构点对点推行,效率较低,建议主管部门以规范性文件或行业标准的方式做出具体规定,强制执行。

4.6 混凝土强度及检测问题

混凝土强度是建筑物安全性能的核心保证,是材料、施工和设计质量的综合体现。由于混凝土材料本身固有的复杂性和施工过程中众多的不确定性,因此需要对结构实体混凝土抗压强度进行现场检测。然而,由于结构实体混凝土抗压强度现场检测方法的局限性,全面摸清结构实体混凝土在各个空间位置上和各个时间点上的强度值是不可能的,只能采用抽样检测方法"以点代面"进行综合推定。

另外,现场工程师关注的试块强度和实体强度,在数值上高于结构设计师使用的强度值。结构设计师更关注规范中规定的标准值和设计值,而在现场进行材料检验和实体检测时,这两个值并不会被直接检测出来。很多工程师搞不清楚不同强度值之间的关系,甚至出现某甲级设计院出具"根据现场检测情况,经设计复核某层墙柱混凝土可以达到 C32 强度等级"的确认文件这种荒谬事件。因此,本书认为有必要将混凝土强度及检测问题跟大家详细讨论一下。

4.6.1 几种常用强度指标之间的关系

(1) 混凝土抗压强度标准值,即设计强度等级值,采用混凝土立方体抗压强度,是所有混凝土强度表达中的"母值"。

(2) 混凝土轴心抗压强度标准值、设计值,是结构计算所采用的值,采用棱柱体强度,是大量系统性试验统计的结果,规范中与设计强度等级值一一对应。如表 4.2 所示,轴心抗压强度标准值为强度等级值的 0.62~0.67,轴心抗压强度设计值为强度等级值的 0.45~0.48,抗震计算时还要综合抗震轴压比进行折减。

(3) 标准养护试块强度、同条件养护试块强度,是施工中对混凝土材料强度质量进行评定的重要指标,均对应设计强度等级值。

(4) 回弹值、换算回弹值、钻芯强度值,是混凝土实体强度检测的重要指标,也是对应设计强度等级值。

综上所述,在施工现场,所有关于混凝土的强度指标都是只与其设计强度等级值相比较,不能与结构计算所用的标准值和设计值相比较,否则会产生"自己的混凝土强度完全满足设计要求"的错误认识,产生导致结构安全的质量隐患。混凝土常用抗压强度指标之间的关系详见图 4.29。

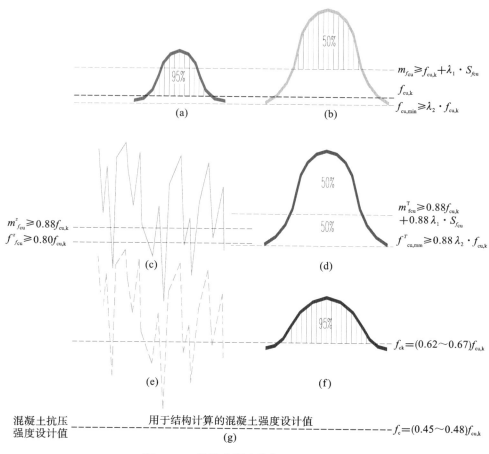

图 4.29 混凝土强度指标之间的关系

图 4.29(a)是混凝土标准强度的统计曲线,其中 $f_{cu,k}$ 是立方体抗压强度标准值,是按照标准方法制作的标准试块的强度统计结果。曲线与直线 $f_{cu,k}$ 围合的面积占比为 95%。图 4.29(b)是现场标准养护试块强度的统计曲线,按统计方法进行评定的时候,需要满足以下公式:

$$m_{f_{cu}} \geqslant f_{cu,k} + \lambda_1 \cdot S_{f_{cu}}$$

$$f_{cu \cdot min} \geqslant \lambda_2 \cdot f_{cu,k}$$

式中,$m_{f_{cu}}$ 为混凝土立方体抗压强度的平均值;$f_{cu,min}$ 为混凝土立方体抗压强度的最小值;$S_{f_{cu}}$ 为混凝土立方体抗压强度的标准差;λ_1 和 λ_2 为评定系数。

图 4.29(c)是芯样强度统计曲线,其芯样尺寸满足《混凝土结构工程施工质量验收规范》附录 D 的要求。图 4.29(d)是现场同条件养护试块强度统计曲线。同

条件试块强度评定需要满足以下公式要求,比起标准养护试块强度,它在评定时要乘以 0.88 的系数:

$$m_{f_{cu}}^T \geqslant 0.88 f_{cu,k} + 0.88 \lambda_1 \cdot S_{f_{cu}}$$

$$f_{cu,min}^T \geqslant 0.88 \lambda_2 \cdot f_{cu,k}$$

式中,$m_{f_{cu}}^T$ 为同条件养护试块强度的平均值;$f_{cu,min}^T$ 为同条件养护试块强度的最小值。

钻芯芯样强度在满足以下条件时可判为合格:

$$m_{f_{cu}}^Z \geqslant 0.88 f_{cu,k}$$

$$f_{cu,min}^Z \geqslant 0.80 f_{cu,k}$$

式中,$m_{f_{cu}}^Z$ 为钻芯芯样强度的平均值;$f_{cu,min}^Z$ 为钻芯芯样强度的最小值。

图 4.29(e) 是棱柱体钻芯检测强度曲线,采用 $\Phi 100 \times 200$ 和 $\Phi 75 \times 150$ 的芯样检测,规范中提及的评定办法很少。图 4.29(f) 是棱柱体标准强度曲线,棱柱体标准强度 f_{ck} 为:

$$f_{ck} = (0.62 \sim 0.67) f_{cu,k}$$

图 4.29(g) 是轴心抗压强度设计值,是结构设计师计算时使用的强度,为立方体抗压强度标准值的 0.45~0.48。如果现场要检验这个强度,应该钻取高径比为 2 的芯样进行抗压试验,再除以 1.4 的系数。现场的工程师不能拿普通的钻芯芯样强度或试块强度与结构计算所使用的轴心抗压强度设计值作比较。

4.6.2 混凝土强度检测与验收

混凝土强度检测分材料强度检验和实体强度检测,规范给出的检测和验收流程如图 4.29 和图 4.30 所示。

《混凝土结构工程施工质量验收规范》(GB 50204)规定,对于结构实体混凝土强度检验方法,"宜采用同同条件养护试件方法;当未取得同条件养护试件强度或同条件养护试件强度不符合要求时,可采用回弹-取芯法进行检验"。而实际工程中,同条件养护试件方法只是结构实体混凝土强度验收的必要条件,而不是充分条件。同条件养护试件与标准养护试件仅在养护条件上有所不同,该方法只是在

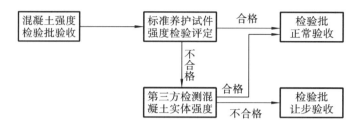

图 4.29 混凝土强度检验批验收流程

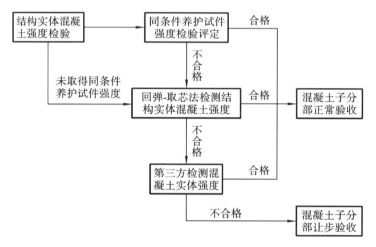

图 4.30 实体混凝土强度验收流程

实际施工环境下对混凝土材料强度及配合比的一种"复验",更接近于材料检验批环节的把控,并不能反映实体构件在浇筑过程中因形状尺寸、成型工艺、配筋密度、振捣情况等对实体强度的影响,这是同条件试件法的最大局限性,也是新规范引入"回弹-取芯法"进行结构实体混凝土强度检测的原因。但因同条件养护试件法执行多年来,其整体执行状况良好,能够保证大多数情况下工程实体质量验收的可靠性,而"回弹-取芯法"刚刚进入规范,仍然需要积累经验,所以规范并没有过于冒进,直接摒弃同条件养护试件法。

混凝土强度验收分为"混凝土强度检验批验收"和"结构实体混凝土强度验收"两个阶段。现行规范将同条件养护试件强度检验评定划归结构实体混凝土强度检验,这种做法有待进一步改良,与工程实际操作偏差较大。因此,在规范基础上,本书对混凝土强度验收流程提出如下调整建议,如图 4.31 所示。

如果同条件养护试块强度评定不合格,可以采用"回弹-取芯法"进行复验,如满足要求可以判为合格;如果某层混凝土强度离散或低于设计的强度等级值,也可以采用"回弹-取芯法"对该层混凝土的实体强度进行检测。流程图中的虚线,表

第 4 章 新型住宅建造的结构问题

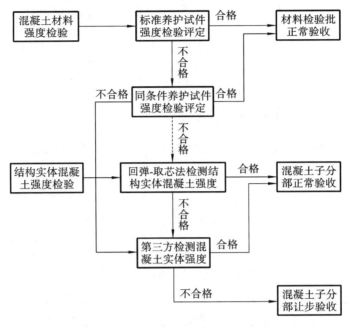

图 4.31 混凝土强度检验验收流程

明在此种情况下这一步不是必经流程，可以直接采用结构检测的方法进行检测。在实际工程中，由于"回弹-取芯法"通常会被采用，所以当遇到个别楼层混凝土同条件养护试件强度离散或低于设计的强度等级值时，采用"回弹-取芯法"进行复核更为方便。需要注意的是，当采用"回弹-取芯法"判定其强度为不合格的时候，不可以再次采用"回弹-取芯法"进行复核。

如果最终实体强度检测不满足要求，规范规定"应委托具有资质的检测机构按国家现行有关标准的规定进行检测"。工程上通常选用《建筑结构检测技术标准》中的钻芯修正回弹法进行评定。钻心修正回弹法的理论依据[1]如下。

（1）大量工程检测实例表明，芯样强度与对应测区换算强度之间并不存在特定的相关性，不可通过回归方法得到芯样强度与对应测区回弹换算强度之间的换算曲线。

（2）不能通过钻芯修正来保证每个测区换算强度的准确性，但可以使修正后的回弹法检测结果与钻芯法检测结果在统计意义上均值相等。

（3）在芯样修正条件下，使用不同的碳化深度、不同的测强曲线计算得到的推

---

[1] 彭立新.混凝土结构现场检测技术标准理解与应用[M].北京：中国建筑工业出版社，2013.

定强度基本一致,因此,碳化深度和测强曲线的影响不具有显著性。

(4)就具体工程而言,在芯样修正条件下,回弹法检测结果具有良好的可比性。

4.6.3　强度检测数据的设计复核

当混凝土材料强度和实体强度检验不满足设计要求的时候,应进行设计复核。设计复核时应注意以下几点。

(1)应在进行足够的检验、检测后再进行设计复核。

如图4.31所示,在标准养护试块强度达不到设计强度等级值时可以采用同条件养护试件法来评定,同条件养护试块强度评定仍达不到还可以采用"回弹-取芯法"和结构检测的方法来检测,不能遇到强度达不到的情况就马上找设计进行复核,要通过充分的检验、检测准确确定混凝土的强度之后再进行设计复核。

(2)应在评定(推定)值基础上进行复核。

当单组试块强度达不到设计强度等级值,或者只有某批次试块的回弹-取芯法检测结果不合格时,不应直接找设计进行复核,因为这批材料或者构件只属于检验批,不属于验收批,没有评定值和推定值,所以设计无法进行计算复核。因此一定要在得到评定(推定)值基础上,设计才能进行计算复核。

(3)设计复核应在确定强度等级后进行。

评定(推定)值是混凝土立方体抗压强度检测值,与结构计算的轴心抗压强度标准值、设计值之间没有对应关系,也没有法定的换算关系。混凝土结构设计规范只在附录里给出了轴心抗压强度标准值、设计值与强度等级值之间的经验公式,公式里面的强度等级值是不可以用检测的评定(推定)值来代替的。因此要用评定(推定)值先确定与之最接近的强度等级,再用该强度等级的轴心抗压强度标准值、设计值进行复核计算。例如,前文提到的"C32"混凝土实际上并不存在,根本没有与其对应的标准值和设计值,不能凭空创造一个"C32"混凝土来,只能将其评定为"C30"混凝土,按照"C30"混凝土的标准值和设计值进行复核。

4.6.4　"回弹-取芯法"的法律地位

(1)"回弹-取芯法"的优点。

"回弹-取芯法"结合了回弹法的简洁快速、覆盖面广的优点,能够快速确定结构相对低强度区;同时,利用钻芯法直接准确的特点,可以对相对低强度区的芯样强度进行复核。这种方法合理利用了回弹法与钻芯法两种方法的优点,兼具科学性、适用性和良好的可操作性。

(2)"回弹-取芯法"的缺点。

①"回弹-取芯法"的保证率不确定有95%以上。

②"回弹-取芯法"的保证率容易受到回弹位置的影响,因为现场往往优先选择在楼板面以上高度1 m左右、易于操作的竖向构件上进行。

③某些检测机构有可能并没有在最低回弹区抽芯。

(3)"回弹-取芯法"的理论基础[①]。

①回弹值与混凝土强度值之间偏差较大。

②回弹值与芯样强度值之间未发现回归关系。

③回弹值与混凝土强度值之间具有正相关关系,可通过回弹确定结构相对低强度区。

④如果结构的相对低强度区的芯样强度满足要求,则可大概率判定该批混凝土实体强度满足要求。

⑤该方法的保证率不确定有95%以上,因此"回弹-取芯法"不可作为"评定混凝土强度最终依据"。

(4)"回弹-取芯法"的法律地位。

在混凝土强度验收流程中,"回弹-取芯法"处于核心位置,是结构实体混凝土强度验收中的重要环节。同时由于它拥有前文所述的缺点,因此"回弹-取芯法"在结构实体混凝土强度检验中"只抽检,不评定",在结构实体强度验收中的地位不宜过高。混凝土强度在时间上、空间上和数值上的不均匀性是这种材料本身的固有特性,我们做过"一孔双芯"和"一孔三芯"的实验,存在即使同一孔内的不同芯样的强度值也有较大不同的现象。所以,在采用"回弹-取芯法"对结构实体强度进行检验时,出现芯样值偏差较大甚至个别芯样值低于合格判定标准的情况并不少

---

① 彭立新.混凝土结构现场检测技术标准理解与应用[M].北京:中国建筑工业出版社,2013.

见。但进一步对其所在构件和所在检验批进行检测评定时,有超过90%以上的推定值都能满足设计强度等级的要求。因此,"回弹-取芯法"的真正作用不在于直接判定实体混凝土强度的合格与否,而是作为筛查大面积或系统性低强度区域的重要手段。例如,在深圳地区,采用"回弹-取芯法"监督抽检混凝土实体强度的不合格率在3%左右,但经过最终评定后,不合格率仅为0.3%左右。

4.6.5 混凝土强度控制要点

"同条件养护试件法"负责守住混凝土拌合物的质量关,避免出现系统性的原材料和配合比问题;而"回弹-取芯法"则用于复验结构实体强度,评估施工条件对混凝土强度的影响。这是规范对混凝土施工质量管控的制度设计。如盲目抬高"回弹-取芯法"在实体检验中的地位,而将"同条件养护试件法"边缘化,同时在执行"回弹-取芯法"过程中又刻意回避混凝土相对低强度区,可能会造成这两项把关措施同时失效,发生混凝土质量事故。

2019年"长沙问题混凝土"事件中,某栋12～27层的混凝土强度存在问题。考虑到其5～6天/层的施工速度,该问题持续时间竟长达3个月之久,直到发现构件开裂才组织现场检测,此时的"同条件养护试件法"显然未能发挥把关作用,处于失效状态。同样,在2020年深汕合作区某住宅项目中,多栋塔楼的15～32层的混凝土强度达不到设计要求,这也是因为"同条件养护试件法"形同虚设,没有起到前期把关作用。而"回弹-取芯法"的检测工作开展又相对滞后,造成问题的堆积累加,最终导致大范围的质量事故。

"回弹-取芯法"相较于原来的回弹法更加准确,比单纯抽芯法检测更加有针对性,是结构实体混凝土强度检验方法的一次明显进步,但其"只能抽检,不予评定"的缺点,注定该方法只是结构实体强度检验的"过程手段"而不是"最终判决"。规范对于该方法检验不通过时的后续处理程序缺乏具体规定,导致在执行过程中,不少机构和企业误将此方法作为结构实体强度检验的"金标准",盲目夸大该方法的作用和地位,想方设法规避不合格的检测结果,造成结构实体检验环节的失真,丧失了筛选和发现大面积或系统性强度偏低区域的机会。再加上"同条件养护试件法"逐渐失去其在检验工作中的地位,前期材料把关也出现问题,造成了混凝土强度问题的堆积累加,发生质量事故。

综上,对于混凝土强度检验来说,"回弹-取芯法"适合后期筛查,"同条件养护试件法"的时效性和覆盖性更好。但关键在于试块必须真实制作,检验数据必须真实可靠。另外,混凝土强度的控制关键在于早期强度管理。

4.6.6 关于加强混凝土早期强度管理的几点建议

混凝土施工质量的核心是保证其抗压强度。混凝土的抗压强度是随时间在不断增长的,且从其外观很难进行判别。施工单位往往仅关心其验收时的强度而忽视其早期强度从而导致悲剧发生。例如,江西电厂倒塌死亡74人的特大责任事故、贵州在建地下室倒塌8死2重伤的较大责任事故,均是由于混凝土早期强度不满足要求所导致的。而前文提到的长沙因混凝土强度问题导致的拆楼事故,也是因为没有及时发现混凝土早期强度问题继续施工所造成的。深圳市某高层住宅混凝土强度问题导致的转换层拆除重建事件,之所以没有造成较大损失产生较大影响,就是因为发现得早、处理得早。因此,对于混凝土强度问题,避免造成坍塌事故和大面积工程质量事故的最有效的办法就是"早发现、早处理",对混凝土早期强度重视起来。为此,本书给出如下建议。

(1) 加强对混凝土早期强度的摸底。

应在重大后续工序施工(如浇筑下一层混凝土、水平向基坑回填或者换撑、塔吊电梯或其他大型设备附着等)前完成对混凝土早期强度的检测。混凝土早期强度可以通过"同条件养护试件法"检测。由于下一层混凝土的浇筑时间往往早于上一层的混凝土的拆模时间,因此上一层的混凝土试块尚未拆模检测,且竖向构件并未要求检测拆模强度,所以下一层浇筑时上一层混凝土的早期强度无法确定,尤其在赶工、抢工时,工序安排上的延后拆模更让早期强度问题被忽视。等到进行标准养护试块强度检测时,往往已连续施工了数层。如果在签署下一次混凝土浇筑令时,能够掌握刚刚浇筑的那层混凝土的早期强度,事情就不会堆积恶化到如此程度。

因此,施工单位在签署下一次混凝土浇筑令前,须掌握上一层混凝土(含竖向构件)的早期强度,深圳地区夏令时段建议该强度不得低于标准值的75%,冬令时段建议不得低于标准值的50%。

(2) 商品混凝土供应商应提供强度增长曲线。

商品混凝土供应商应根据其试验数据,随交货单一起提供该批混凝土在当前季节的强度增长曲线,以方便项目管理人员及时对照掌握混凝土的早期强度。

(3) 规范"同条件养护试件法"试块的留置。

"同条件养护试件法"试块必须在浇筑点出料口随机取料制作,而不应该和标准养护试块一起在泵料口取料制作。这种违规做法在工地较为普遍,必须坚决加以改正。因为这样不能如实反映在不同等级混凝土使用同一套泵送系统进行浇筑时,实际入模的混凝土强度。

(4)加强对混凝土早期强度的检查和监督抽检。

监督机构现场检查时,应加强对"同条件养护试件法"试块的留置情况、养护记录、试压报告、混凝土浇筑令及其附件资料的抽查力度,尤其是需要抽查项目经理、总监理工程师、技术负责人等对混凝土早期强度的掌握情况。另外,监督机构可以将龄期一周左右的"同条件养护试件法"试块纳入监督抽检范围,以此倒逼各责任主体对混凝土早期强度给予重视。

(5)分泵输送不同强度等级的混凝土。

在同时浇筑两个强度等级的混凝土且这两种混凝土的强度又相差两个等级及以上时,应争取将其分泵输送。若一次浇筑量超过 300 m^3,不得只使用一套泵送系统;若一次浇筑量低于 300 m^3,可以只采用一套泵送系统,但必须采取切实可行的措施避免低等级混凝土浇入高等级构件内。同一套泵送系统原则上不得同时浇筑三种及三种以上不同强度等级的混凝土,确有需要的,应编制专项浇筑方案,确定每个泵的浇筑范围,明确移泵顺序,且每个泵送系统只允许从高等级混凝土向低等级混凝土变换,不得从低等级向高等级变换。

(6)规范现场坍落度的调整方法。

若需要现场调整混凝土拌合物的坍落度,必须由搅拌站专业技术人员根据方案进行调整,严禁浇筑现场擅自向混凝土拌合物内加水。上述情况一经发现或被举报,经查实一律严肃处理,且已浇筑部分的混凝土试块检测报告无效,须采用实体混凝土检测结果进行评定。据了解,部分项目利用混凝土搅拌运输车自带的水箱在放料时同步进行加水,这种违规行为相当隐蔽,应引起各方注意。

(7)严禁随意压缩主体结构施工工期。

随意压缩主体结构施工工期将会造成钢筋踩踏严重、混凝土梁板开裂、板面脚印遍地等许多质量问题。同时,这样做还会导致多层混凝土强度未达到规定龄期,这也是严重的安全隐患。应严格禁止随意压缩主体结构施工工期,使其不得少于 6 天/层。此外,混凝土浇筑后的 24 小时内应严格管理,不得在混凝土板面上施工作业、吊运材料,减少扰动。

加强混凝土早期强度的管理,让施工人员对已浇筑混凝土的强度做到"可追踪,必追踪,心中有数"。对混凝土强度问题做到"早发现,早处理",可以避免"未上强度先上荷载"造成的坍塌,还能避免因问题拖延堆积成大面积质量问题。

4.7 结构实体混凝土强度三维离散试验

结构实体混凝土强度在数值上、空间位置上和时间龄期上的不均匀性是混凝土材料本身的特性,该特性分布于结构全生命周期的每一个混凝土构件上。但受制于实体检测方法的局限性,其离散范围和离散程度尚没有定量研究成果。

结构实体混凝土强度的三维离散性给检测和验收工作带来许多问题,但由于实体构件不宜进行破坏性检测,所以对这种特性也停留在定性分析层面。为深入了解结构实体混凝土强度的三维离散性,尝试探索定量分析的方法,我们开展了下面这项试验。

4.7.1 试验构件的设计

试验构件的设计如图 4.32 所示。

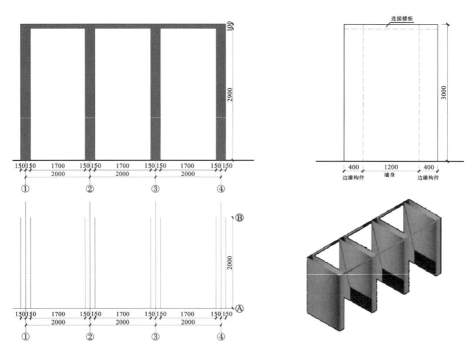

图 4.32 试验构件设计图

(1) 构件共分 4 组,混凝土强度等级分别为 C30、C40、C50、C60。

(2) 每组构件含 4 片混凝土墙和 1 片连接板,总方量 8.4 m³,正好为通常情况下搅拌运输车一罐的量。

（3）每组的4片混凝土墙，尺寸一致，配筋率不同，配筋率分别为最小配筋率、平均配筋率、最大配筋率和墙顶通长连梁最大配筋率，详见表4.6。其主要用于检验配筋率对混凝土浇筑时的阻隔分离作用是否会导致混凝土构件强度的离散。

表4.6 试验构件列表

构件编号	强度等级	构件尺寸/(mm×mm×mm)	配筋率			备注
			边缘构件	墙身	墙顶梁	
301	C30	3000×2000×300	最小配筋率	最小配筋率	无	
302			平均配筋率	平均配筋率	无	
303			最大配筋率	最大配筋率	无	
304			最大配筋率	最大配筋率	墙顶通长连梁最大配筋率	
305		6000×2000×100				连接板
401	C40	3000×2000×300	最小配筋率	最小配筋率	无	
402			平均配筋率	平均配筋率	无	
403			最大配筋率	最大配筋率	无	
404			最大配筋率	最大配筋率	墙顶通长连梁最大配筋率	
405		6000×2000×100				连接板
501	C50	3000×2000×300	最小配筋率	最小配筋率	无	
502			平均配筋率	平均配筋率	无	
503			最大配筋率	最大配筋率	无	
504			最大配筋率	最大配筋率	墙顶通长连梁最大配筋率	
505		6000×2000×100				连接板
601	C60	3000×2000×300	最小配筋率	最小配筋率	无	
602			平均配筋率	平均配筋率	无	
603			最大配筋率	最大配筋率	无	
604			最大配筋率	最大配筋率	墙顶通长连梁最大配筋率	
605		6000×2000×100				连接板

（4）每组构件由同一罐混凝土进行浇筑。由于泵送会产生管道滞留问题，很

难保证每一组构件混凝土完全来自同一罐车。因此,选择使用塔吊料斗进行浇筑。

(5)浇筑时同时分别预留10组标准养护和10组同条件养护试块,试块尺寸为标准的150 mm×150 mm×150 mm,并做好养护记录。

(6)浇筑完成后,按照常规作业时间进行拆模、养护,并做好养护记录。

4.7.2 试验方案

(1)构件养护完成后,使用钢筋扫描仪扫出钢筋走向,使用红色水笔在构件表面画出。

(2)按图4.33在混凝土墙双面弹线,划分检测单元并编号。检测单元尽量避开钢筋,检测单元布置如图4.33所示。

(3)使用型钢制作可沿混凝土墙构件上下左右滑动的装置,用于固定钻机进行钻芯作业,避免因打膨胀螺栓对试验构件造成破坏。

(4)分别在试样的1月龄期、2月龄期、3月龄期、4月龄期时,按照A、B、C、D的顺序(图4.34)在各检测单元进行回弹和钻心,钻心时加大钻取深度,做到一孔双样。

(5)芯样编号规则为"构件编号+单元编号+孔号+外芯1或内芯2",如:302-11-A1,指的是302号构件第11号检测单元A孔外芯。

(6)分别记录回弹数值和芯样抗压强度值,如图4.35所示。

(7)回弹和钻芯的试验人员应技术娴熟经验丰富,并应集中在1~2天内完成每组构件不同龄期的检测工作,避免因龄期误差影响试验结果。

4.7.3 试验数据的整理

(1)在每组构件的不同龄期的检测数据记录完成后,进行平均值、方差、变异系数、推定值等的计算。

(2)分别以构件空间位置、强度等级、配筋率、时间(龄期)为主要线索,寻找数据规律。

(3)分别绘制构件空间位置的等强曲线、以时间为横轴的强度增长曲线和配筋率的影响曲线等。

第4章 新型住宅建造的结构问题

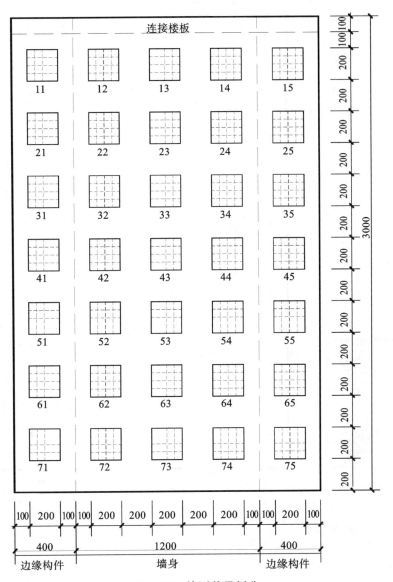

图 4.33 检测单元划分

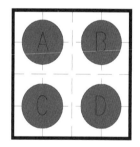

图 4.34 检测单元

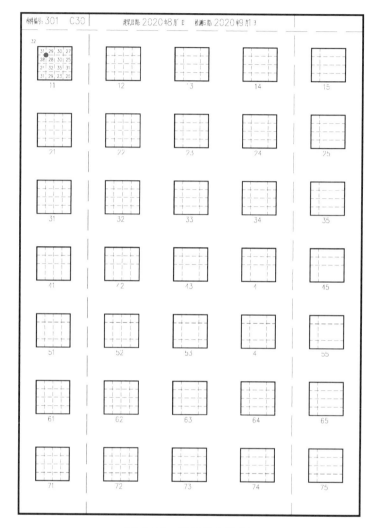

图 4.35 检测数据记录

4.7.4 试验的实施

（1）试验构件制作。

试验构件于 2020 年 9 月 27 日成功浇筑（图 4.36）。

第4章 新型住宅建造的结构问题

图 4.36 试验构件浇筑

（2）强度检测。

构件浇筑完成以后,按照现场条件进行拆模、养护。从 2020 年 12 月起至 2021 年 4 月止,分三次对其进行回弹-取芯强度检测（图 4.37）,共抽取芯样 1167 个。实际检测时间及抽芯数量与计划相比有所调整。

图 4.37 强度检测

（3）试验数据的收集。

墙面被分为两面进行标记。1167 个芯样中,芯样分 a、b、c 三种编号,a、b 为两端（与墙面编号一致）的芯样,c 为中段的芯样。a、b 芯样每次各抽取 384 个,中段芯样共成功抽取 15 个。除第一次检测进行了碳化深度修正以外,其他两次检测未进行碳化深度测量。将回弹强度和芯样抗压强度检测结果列于记录表中。

4.7.5 数据的分析

试验数据表明,结构实体混凝土强度没有明显的规律可循,离散性较大。也没有明显的证据显示其与空间位置、配筋率等有相关性。

试验完整数据详见表 4.7～4.14。

表 4.7 第一次检测(C60)

检测时间:2020 年 12 月

构件名称	序号	回弹值/(%)	芯样抗压强度/MPa		
			a	b	c
601a-11A	1	57.5	60.6	51.7	36.3
601a-13A	2	56.8	50.2	60.0	59.5
601a-15A	3	57.0	47.5	43.0	57.9
601a-31A	4	60.8	58.8	54.1	60.7
601a-33A	5	65.6	59.9	63.2	58.7
601a-35A	6	61.6	60.9	57.9	63.4
601a-51A	7	65.8	57.9	62.1	66.3
601a-53A	8	63.9	70.4	54.7	53.9
601a-55A	9	62.7	55.0	60.2	54.2
601a-71A	10	62.4	60.9	45.6	67.7
601a-73A	11	69.2	/	63.4	/
601a-75A	12	66.8	74.7	63.3	/
602b-11A	13	56.8	56.7	69.0	/
602b-13A	14	54.7	45.6	57.1	
602b-15A	15	61.2	57.1	47.1	43.5
602b-31A	16	60.9	56.4	54.1	/
602b-33A	17	62.4	64.3	62.3	70.0
602b-35A	18	63.0	53.8	66.7	/
602b-51A	19	61.6	68.9	83.8	51.0
602b-53A	20	60.9	52.1	73.4	63.8
602b-55A	21	61.7	74.0	54.5	/
602b-71A	22	63.2	75.3	61.9	
602b-73A	23	66.3	63.4	60.4	61.5
602b-75A	24	69.0	76.2	65.8	/

续表

构件名称	序号	回弹值/(%)	芯样抗压强度/MPa		
			a	b	c
603a-11A	25	58.4	56.8	61.3	/
603a-13A	26	53.8	46.9	58.9	37.7
603a-15A	27	56	59.1	47.2	/
603a-31A	28	62	49.4	49.9	/
603a-33A	29	59.4	51.8	56.0	/
603a-35A	30	60.6	52.3	46.3	/
603a-51A	31	63.2	67.3	63.0	/
603a-53A	32	60.1	86.0	65.5	/
603a-55A	33	64.4	61.3	53.4	/
603a-71A	34	62.4	64.6	80.1	/
603a-73A	35	68	64.5	56.8	/
603a-75A	36	65.4	53.8	56.1	/
604b-11A	37	57.3	50.2	48.7	/
604b-13A	38	57.9	41.2	51.0	/
604b-15A	39	55.2	49.0	49.0	/
604b-31A	40	61.9	60.0	74.4	/
604b-33A	41	59.1	57.6	49.5	/
604b-35A	42	60.8	52.3	53.7	/
604b-51A	43	61.1	68.6	58.7	/
604b-53A	44	62.5	59.0	54.6	/
604b-55A	45	62	63.9	51.5	/
604b-71A	46	67.1	74.9	84.6	/
604b-73A	47	67	71.2	68.6	77.0
604b-75A	48	60.8	77.3	65.3	65.8

表4.8 第一次检测(C50)

检测时间:2020年12月

构件名称	序号	回弹值/(%)	抗压强度/MPa		
			a	b	c
501a-11A	49	58.3	50.3	47.7	/
501a-13A	50	55.4	41.6	56.6	/

续表

构件名称	序号	回弹值/(%)	抗压强度/MPa		
			a	b	c
501a-15A	51	60.4	57.3	51.2	/
501a-31A	52	64.2	72.5	46.8	/
501a-33A	53	62	68.8	68.5	/
501a-35A	54	60.9	51.2	60.7	/
501a-51A	55	67.1	65.1	69.7	/
501a-53A	56	63.4	60.0	51.6	/
501a-55A	57	61.7	70.1	64.0	63.2
501a-71A	58	62.4	81.5	70.1	64.4
501a-73A	59	64.6	69.8	63.8	74.4
501a-75A	60	39.7	66.2	89.7	86.7
502b-11A	61	63.6	43.9	51.2	/
502b-13A	62	63.4	56.6	57.2	/
502b-15A	63	65.4	46.1	44.6	/
502b-31A	64	63.7	60.7	66.0	/
502b-33A	65	62.5	65.9	62.3	/
502b-35A	66	62.5	60.7	/	/
502b-51A	67	67	53.1	66.3	77.9
502b-53A	68	63.7	/	61.4	58.4
502b-55A	69	65.8	67.2	64.6	0.0
502b-71A	70	70.3	/	77.0	63.8
502b-73A	71	67.6	69.1	65.1	69.6
502b-75A	72	66.3	68.0	72.3	69.4
503a-11A	73	60.8	65.5	56.5	/
503a-13A	74	51.3	56.5	49.3	/
503a-15A	75	58.4	57.8	60.0	/
503a-31A	76	62.9	56.3	58.5	/
503a-33A	77	65.6	53.4	59.2	56.2
503a-35A	78	64.4	55.7	47.0	/
503a-51A	79	69.2	67.6	61.6	/
503a-53A	80	63.9	0.0	50.5	53.2
503a-55A	81	63.2	63.2	61.8	/

续表

构件名称	序号	回弹值/(%)	抗压强度/MPa		
			a	b	c
503a-71A	82	66.3	54.0	73.4	/
503a-73A	83	72.9	73.0	/	/
503a-75A	84	68	47.4	54.4	64.4
504b-11A	85	59.8	57.6	64.1	72.3
504b-13A	86	56	58.0	51.6	/
504b-15A	87	59.1	54.0	57.6	/
504b-31A	88	62.9	46.0	66.2	/
504b-33A	89	65.1	59.4	76.9	/
504b-35A	90	61.9	59.2	51.1	/
504b-51A	91	65.6	67.2	68.2	/
504b-53A	92	65.8	69.7	71.3	/
504b-55A	93	64.1	74.6	66.3	/
504b-71A	94	68.2	70.8	62.5	/
504b-73A	95	69.9	84.1	69.5	/
504b-75A	96	65.6	75.8	/	/

表 4.9 第一次检测(C40)

检测时间:2020 年 12 月

构件名称	序号	回弹值/(%)	碳化深度/mm	抗压强度/MPa		
				a	b	c
401a-11A	97	39.8	0.5	/	52.3	/
401a-13A	98	40.9	0.5	52.2	51.0	/
401a-15A	99	39.5	1.0	44.3	39.7	/
401a-31A	100	40.1	1.0	57.2	46.9	/
401a-33A	101	39.7	1.0	46.3	47.3	/
401a-35A	102	39.3	1.0	46.0	40.4	/
401a-51A	103	49.6	1.0	52.5	57.6	49.1
401a-53A	104	40.9	1.0	50.5	53.4	/
401a-55A	105	43.7	1.0	51.7	43.0	/
401a-71A	106	51.6	1.0	48.7	58.6	/
401a-73A	107	53.9	1.5	48.9	53.1	/

续表

构件名称	序号	回弹值/(%)	碳化深度/mm	抗压强度/MPa		
				a	b	c
401a-75A	108	54.1	1.0	61.3	71.8	/
402b-11A	109	41.7	0.5	44.8	35.8	/
402b-13A	110	48.0	1.0	41.1	46.0	/
402b-15A	111	41.3	0.5	39.7	42.4	/
402b-31A	112	39.5	1.5	68.4	50.1	/
402b-33A	113	41.1	1.0	43.6	58.4	/
402b-35A	114	50.0	1.0	50.0	47.2	/
402b-51A	115	40.5	1.0	54.5	46.7	/
402b-53A	116	45.4	1.0	59.2	56.9	/
402b-55A	117	43.3	1.0	49.6	50.1	/
402b-71A	118	48	1.0	56.8	54.2	/
402b-73A	119	48.8	1.5	61.1	58.0	/
402b-75A	120	45.6	1.0	53.7	66.0	/
403a-11A	121	45.9	0.5	56.5	52.8	/
403a-13A	122	51.7	0.5	40.7	51.1	/
403a-15A	123	46.3	0.5	33.8	/	/
403a-31A	124	42.5	1.0	43.3	48.5	/
403a-33A	125	45.2	1.0	63.6	48.7	/
403a-35A	126	54.5	0.5	58.3	48.4	/
403a-51A	127	48.9	1.0	50.9	44.1	/
403a-53A	128	40.7	1.5	40.7	51.4	/
403a-55A	129	48.5	1.0	69.3	53.0	/
403a-71A	130	56.7	1.0	61.8	51.1	/
403a-73A	131	48.2	1.0	54.9	38.4	/
403a-75A	132	53.9	1.0	79.0	/	/
404b-11A	133	44.6	0.5	44.7	41.3	/
404b-13A	134	42.7	1.0	47.6	35.4	/
404b-15A	135	42.7	0.5	49.3	53.1	/
404b-31A	136	45.2	1.5	54.4	60.2	/
404b-33A	137	41.3	1.0	44.5	39.2	/
404b-35A	138	50.9	1.0	47.0	49.2	/

续表

构件名称	序号	回弹值/(%)	碳化深度/mm	抗压强度/MPa		
				a	b	c
404b-51A	139	44.6	1.0	/	53.0	/
404b-53A	140	39.3	1.0	65.4	72.4	/
404b-55A	141	51.2	0.5	67.1	55.4	/
404b-71A	142	50	1.0	53.4	85.8	/
404b-73A	143	45.6	1.0	55.2	57.7	/
404b-75A	144	54.7	0.5	63.6	52.4	/

表 4.10 第一次检测(C30)

检测时间:2020 年 12 月

构件名称	序号	回弹值/(%)	碳化深度/mm	抗压强度/MPa	
				a	b
301a-11A	145	43.1	1.5	48.4	43.8
301a-13A	146	38.1	1.0	40.6	45.9
301a-15A	147	32.9	1.5	46.0	46.0
301a-31A	148	40.5	1.0	62.6	48.7
301a-33A	149	36.6	1.5	42.9	39.8
301a-35A	150	39.3	1.5	34.8	34.5
301a-51A	151	38.3	1.0	47.0	40.9
301a-53A	152	37.5	1.5	37.7	46.0
301a-55A	153	40.3	1.0	46.3	55.2
301a-71A	154	45.6	1.5	58.6	54.6
301a-73A	155	47.1	1.5	/	54.8
301a-75A	156	46	1.5	50.3	42.3
302b-11A	157	31.2	1.0	40.7	36.8
302b-13A	158	34	1.5	43.1	34.4
302b-15A	159	38.7	1.0	34.7	39.7
302b-31A	160	39.1	1.0	46.5	46.5
302b-33A	161	38.9	1.5	50.3	33.2
302b-35A	162	41.3	1.5	53.6	32.4
302b-51A	163	41.1	1.0	43.4	48.7

续表

构件名称	序号	回弹值/(%)	碳化深度/mm	抗压强度/MPa	
				a	b
302b-53A	164	41.1	1.0	45.6	55.9
302b-55A	165	48.9	1.0	41.7	45.3
302b-71A	166	40.9	1.5	55.7	53.3
302b-73A	167	46.5	1.0	52.1	44.7
302b-75A	168	39.9	1.0	56.2	60.9
303a-11A	169	38.5	1.5	36.0	46.8
303a-13A	170	37.1	1.0	31.2	46.6
303a-15A	171	39.5	1.0	39.6	35.9
303a-31A	172	37.9	1.5	45.0	39.1
303a-33A	173	35.6	1.5	40.7	43.3
303a-35A	174	38.3	1.0	49.4	46.5
303a-51A	175	42.1	1.0	45.6	53.0
303a-53A	176	37.5	1.5	40.7	43.4
303a-55A	177	41.7	1.5	55.0	45.6
303a-71A	178	43.1	1.5	50.2	44.8
303a-73A	179	44.1	1.5	52.5	58.2
303a-75A	180	44.4	1.5	73.4	49.1
304b-11A	181	39.3	1.5	35.5	40.0
304b-13A	182	39.9	1.0	42.4	31.5
304b-15A	183	87.3	1.0	41.3	56.3
304b-31A	184	42.3	1.5	32.3	41.8
304b-33A	185	40.1	1.5	33.4	33.7
304b-35A	186	41.7	1.5	47.0	44.6
304b-51A	187	40.9	1.5	45.5	50.1
304b-53A	188	87.9	1.5	42.2	44.4
304b-55A	189	46.4	0.5	40.9	59.9
304b-71A	190	46.9	1.5	48.1	53.3
304b-73A	191	41.7	1.5	53.9	58.1
304b-75A	192	42.3	1.0	45.0	55.8

表 4.11 第二次检测(C60、C50)

检测时间:2021 年 3 月

C60	回弹值/(%)	抗压强度/MPa		C50	回弹值/(%)	抗压强度/MPa	
		a	b			a	b
1	58.8	53.7	51.9	49	59.3	57.1	64.8
2	57.2	/	63.7	50	58.5	54.6	56.8
3	56.0	53.3	61.6	51	60.7	71.8	64.6
4	60.6	72.1	53.1	52	61.7	71.8	68.9
5	62.1	60.8	76.0	53	60.4	74.7	68.2
6	60.9	69.8	67.1	54	60.1	54.4	56.9
7	61.5	52.6	78.6	55	61.6	/	85.7
8	61.5	56.1	81.9	56	60.1	89.4	77.0
9	58.8	63.7	78.5	57	59.2	80.3	59.4
10	61.1	78.6	73.0	58	62.7	83.2	86.4
11	61.2	70.4	75.5	59	65.2	76.2	77.1
12	62.7	/	90.0	60	61.6	61.4	75.6
13	57.4	55.2	61.1	61	60.1	48.3	/
14	58.2	62.1	56.2	62	59.0	64.8	75.1
15	57.9	68.5	57.7	63	59.4	79.3	71.4
16	58.2	/	67.6	64	61.1	67.9	72.3
17	61.5	72.2	/	65	61.0	66.9	47.5
18	60.5	65.8	74.3	66	60.0	83.7	71.2
19	60.2	72.4	69.6	67	61.0	62.8	56.3
20	61.3	79.4	62.1	68	60.7	/	79.1
21	59.7	72.7	78.7	69	59.7	80.6	65.8
22	60.1	72.7	78.2	70	63.5	104.2	92.5
23	63.1	70.7	80.8	71	61.4	54.2	66.7
24	65.2	/	88.2	72	61.0	72.3	71.8
25	59.3	64.0	57.7	73	58.6	/	58.6
26	56.0	61.3	55.6	74	57.2	59.6	67.1
27	55.2	52.7	55.7	75	59.2	72.4	74.6
28	62.3	72.7	55.1	76	61.8	65.9	70.6
29	60.3	64.8	0.0	77	62.2	76.5	72.4
30	57.5	61.7	51.5	78	60.2	69.2	57.8

续表

C60	回弹值/(%)	抗压强度/MPa		C50	回弹值/(%)	抗压强度/MPa	
		a	b			a	b
31	60.7	87.5	65.4	79	61.3	79.6	89.6
32	59.8	66.6	66.2	80	61.8	71.4	70.8
33	60.6	76.9	69.2	81	61.3	65.2	54.9
34	62.0	73.5	88.0	82	62.9	79.5	85.1
35	62.0	87.4	76.6	83	63.8	57.8	79.9
36	61.5	84.8	68.4	84	64.5	65.6	78.4
37	59.5	61.4	58.5	85	60.1	73.0	77.0
38	56.7	/	65.0	86	57.6	/	53.2
39	56.9	69.0	52.3	87	57.0	38.5	67.4
40	59.1	75.1	58.3	88	60.1	75.9	85.9
41	58.1	68.3	/	89	61.7	59.9	62.6
42	60.1	78.5	71.7	90	58.6	71.5	70.4
43	59.5	63.5	74.2	91	62.6	85.2	72.3
44	59.3	62.7	81.4	92	61.4	72.1	77.1
45	61.1	65.7	69.8	93	58.9	84.2	76.3
46	59.4	87.4	83.3	94	64.0	85.4	94.7
47	64.8	79.9	60.2	95	63.6	75.4	91.6
48	59.9	82.8	73.4	96	61.6	60.5	71.7

注:此表试件序号与第一次检测序号相对应,位置一致。

表 4.12　第二次检测(C40、C30)

检测时间:2021 年 3 月

C40	回弹值/(%)	抗压强度/MPa		C30	回弹值/(%)	抗压强度/MPa	
		a	b			a	b
97	42.9	44.5	58.4	145	36.6	64.2	53.4
98	44.1	63.9	86.6	146	41.3	44.4	50.4
99	45.8	45.7	48.6	147	40.7	46.5	44.7
100	46.5	49.2	56.3	148	40.3	56.3	48.1
101	42.1	62.2	57.3	149	42.3	41.8	54.1
102	43.7	51.2	48.3	150	45.2	47.4	54.1
103	46.1	44.9	57.3	151	44.6	46.9	/

续表

C40	回弹值/(%)	抗压强度/MPa		C30	回弹值/(%)	抗压强度/MPa	
		a	b			a	b
104	42.5	50.6	66.1	152	43.4	43.9	49.8
105	44.5	49.4	61.2	153	40.1	57.2	51.3
106	47.5	67.4	70.4	154	37.6	60.3	61.2
107	47.5	/	67.1	155	40.4	62.0	66.8
108	45.0	78.1	59.5	156	40.2	50.2	71.4
109	45.4	45.5	53.4	157	42.4	45.1	42.6
110	44.7	44.2	46.7	158	42.6	60.9	41.2
111	43.1	57.9	48.3	159	42.4	44.2	/
112	45.8	57.3	53.3	160	42.1	57.8	55.3
113	44.2	44.9	42.0	161	45.0	64.6	53.6
114	43.3	/	58.9	162	43.0	59.7	50.0
115	45.7	49.5	73.3	163	42.6	60.6	/
116	45.8	47.0	50.2	164	42.4	49.1	58.2
117	42.8	61.8	62.0	165	42.1	63.5	56.5
118	44.7	52.7	61.7	166	45.0	62.8	50.3
119	46.8	/	55.1	167	43.0	74.4	/
120	47.0	69.1	57.8	168	46.2	/	56.9
121	45.3	47.9	47.4	169	40.8	47.6	45.8
122	46.4	43.0	56.9	170	39.8	44.9	43.1
123	48.7	62.2	67.6	171	37.3	52.7	52.2
124	44.5	53.9	46.9	172	45.4	52.2	53.4
125	46.2	62.6	59.3	173	44.8	49.4	46.8
126	46.9	54.6	56.9	174	43.1	50.2	50.6
127	49.0	58.1	72.3	175	46.7	64.4	52.9
128	46.1	65.2	62.6	176	41.9	50.7	55.3
129	49.1	71.3	60.7	177	45.6	50.3	50.9
130	44.7	79.7	71.4	178	45.5	55.5	0.0
131	47.1	60.0	73.6	179	45.6	68.0	73.8
132	44.8	66.5	78.4	180	42.8	52.8	57.5
133	44.2	53.2	66.3	181	40.1	46.0	45.1
134	46.2	50.6	57.9	182	38.6	53.6	54.9

续表

C40	回弹值/(%)	抗压强度/MPa		C30	回弹值/(%)	抗压强度/MPa	
		a	b			a	b
135	47.6	/	43.2	183	39.7	/	34.9
136	47.2	74.8	77.3	184	42.8	45.9	38.9
137	44.4	54.2	49.7	185	42.4	44.9	45.1
138	48.3	/	65.6	186	42.1	42.2	42.5
139	50.0	75.4	73.9	187	41.6	74.4	49.0
140	46.7	71.7	65.6	188	42.8	54.3	49.2
141	46.2	66.1	66.0	189	46.2	50.6	57.1
142	44.3	76.5	75.9	190	44.9	58.2	66.6
143	40.2	77.8	70.4	191	45.4	59.1	52.9
144	40.4	67.9	73.0	192	45.8	70.9	65.7

注：此表试件序号与第一次检测序号相对应，位置一致。

表 4.13　第三次检测（C60、C50）

检测时间：2021 年 4 月

C60	回弹值/(%)	抗压强度/MPa		C50	回弹值/(%)	抗压强度/MPa	
		a	b			a	b
1	56.1	67.0	63.7	49	60.0	留	70.2
2	58.1	66.7	60.7	50	58.9	46.0	59.1
3	58.0	66.8	66.9	51	57.6	62.2	留
4	61.6	73.1	留	52	62.5	80.0	88.3
5	61.4	留	69.0	53	61.8	74.1	70.0
6	59.7	69.0	留	54	58.9	73.5	留
7	60.5	留	60.9	55	59.3	79.2	留
8	59.6	88.6	79.0	56	62.1	74.5	75.7
9	61.7	47.7	64.3	57	61.4	68.3	79.2
10	60.0	/	88.3	58	62.0	70.0	83.2
11	61.6	94.2	82.5	59	64.2	73.5	88.5
12	64.9	/	98.9	60	65.6	89.4	96.8
13	56.3	65.7	留	61	58.3	68.6	65.0
14	58.0	61.9	留	62	59.2	68.4	69.7
15	58.5	留	74.9	63	58.0	留	76.9

续表

C60	回弹值/(%)	抗压强度/MPa		C50	回弹值/(%)	抗压强度/MPa	
		a	b			a	b
16	58.2	77.7	69.3	64	61.7	85.8	72.7
17	60.4	59.7	留	65	62.1	留	84.7
18	61.2	78.3	76.5	66	59.3	70.6	留
19	58.1	/	79.2	67	62.0	85.0	68.7
20	62.8	64.4	68.7	68	60.6	73.8	76.4
21	62.3	49.1	84.2	69	61.3	79.0	78.3
22	61.6	91.2	89.5	70	66.4	80.4	85.0
23	63.0	96.2	92.1	71	63.0	90.6	88.9
24	63.0	91.2	68.8	72	62.4	留	84.8
25	56.7	/	留	73	57.6	65.0	60.5
26	56.3	63.0	57.0	74	57.4	77.1	55.0
27	55.0	58.6	59.5	75	57.1	74.6	70.6
28	57.6	68.0	留	76	60.8	64.0	61.4
29	58.5	留	65.7	77	60.6	78.5	71.1
30	59.7	58.1	75.6	78	60.4	81.4	66.7
31	59.6	61.6	70.4	79	62.0	68.1	留
32	60.3	66.8	85.6	80	62.7	75.4	83.3
33	58.9	81.4	留	81	60.5	留	/
34	61.5	84.7	72.4	82	63.5	75.5	75.0
35	60.6	0.0	71.8	83	62.6	留	70.0
36	64.1	93.9	89.8	84	60.6	68.8	留
37	59.7	76.0	73.0	85	59.2	77.9	73.0
38	56.9	留	70.2	86	61.3	76.2	74.6
39	56.8	留	81.2	87	56.7	75.5	77.3
40	61.6	77.3	74.9	88	58.2	69.2	70.9
41	58.6	84.6	84.6	89	59.9	76.7	留
42	58.7	64.5	61.3	90	59.2	72.6	75.0
43	59.1	94.6	68.3	91	62.5	留	90.6
44	62.4	70.2	72.5	92	61.5	91.0	78.2
45	61.7	88.4	90.2	93	61.6	留	80.4
46	62.4	留	87.9	94	63.5	87.9	留

续表

C60	回弹值/(%)	抗压强度/MPa		C50	回弹值/(%)	抗压强度/MPa	
		a	b			a	b
47	64.5	留	91.6	95	65.1	94.1	86.4
48	62.5	84.5	101.2	96	58.6	83.4	84.8

注：此表试件序号与第一次检测序号相对应，位置一致，"留"表示该试样被选为留样，未进行检测。

表 4.14 第三次检测（C40、C30）

检测时间：2021 年 4 月

C40	回弹值/(%)	抗压强度/MPa		C30	回弹值/(%)	抗压强度/MPa	
		a	b			a	b
97	43.8	53.9	51.4	145	44.3	/	58.1
98	43.2	/	55.5	146	43.0	51.9	47.4
99	47.1	/	55.3	147	41.4	49.6	52.3
100	47.9	63.6	53.9	148	41.4	54.4	留
101	47.1	留	58.4	149	40.5	50.4	47.7
102	49.3	74.8	留	150	45.7	/	留
103	48.9	留	78.7	151	43.1	55.5	55.8
104	46.0	63.0	54.8	152	44.1	留	47.5
105	46.8	/	66.8	153	45.0	67.8	留
106	51.1	留	74.8	154	47.0	/	61.4
107	50.4	75.9	76.8	155	45.9	66.5	63.2
108	48.9	82.8	70.4	156	44.8	62.1	61.6
109	45.3	71.2	56.8	157	39.3	48.4	46.7
110	47.0	70.9	49.0	158	39.7	留	46.3
111	47.7	78.9	63.6	159	43.5	45.9	56.5
112	47.2	71.1	72.9	160	42.2	51.7	留
113	46.5	留	73.1	161	39.9	53.2	54.9
114	46.6	60.8	56.4	162	43.4	52.2	63.5
115	46.6	留	65.0	163	44.5	/	55.3
116	49.5	留	/	164	42.5	51.1	45.6
117	48.9	65.8	留	165	45.0	61.6	留
118	45.6	69.5	73.3	166	44.1	57.1	58.9
119	48.1	77.0	74.0	167	44.6	66.3	82.9

续表

C40	回弹值/(%)	抗压强度/MPa		C30	回弹值/(%)	抗压强度/MPa	
		a	b			a	b
120	49.5	83.7	91.0	168	50.4	68.6	留
121	47.3	60.0	51.6	169	42.1	54.6	留
122	49.3	50.3	64.1	170	41.6	50.2	留
123	47.3	留	68.0	171	40.3	留	50.8
124	49.1	/	59.7	172	45.2	45.6	54.8
125	48.4	67.1	66.5	173	44.2	42.0	44.2
126	49.4	69.2	51.4	174	46.9	55.2	52.9
127	49.2	82.0	74.2	175	44.9	63.7	72.7
128	48.3	留	68.8	176	45.9	65.1	留
129	50.8	65.9	56.0	177	45.4	56.0	64.6
130	50.8	87.7	留	178	48.7	64.6	59.7
131	49.8	75.1	留	179	48.5	67.2	63.3
132	52.1	59.6	67.4	180	48.6	58.4	65.1
133	49.9	68.8	65.9	181	42.3	52.9	/
134	49.6	留	81.6	182	42.4	62.3	63.2
135	48.2	78.6	留	183	45.3	58.8	56.8
136	46.0	78.2	留	184	43.9	54.4	52.6
137	48.4	53.2	48.7	185	41.0	48.8	48.8
138	50.7	/	/	186	45.9	56.0	51.7
139	48.7	55.0	64.6	187	49.1	62.9	73.2
140	46.7	65.1	56.7	188	46.5	留	59.1
141	47.1	留	/	189	44.1	留	59.1
142	52.6	67.0	68.6	190	51.1	59.7	71.3
143	50.1	67.4	74.9	191	50.9	留	72.6
144	50.4	80.3	/	192	50.6	59.7	留

注:此表试件序号与第一次检测序号相对应,位置一致,"留"表示该试样被选为留样,未进行检测。

第 5 章
新型住宅建造的建筑设计细节

满足规范标准一定就是好房子？

规范标准是经验的总结，是一个行业、一个领域的规则和底线，是指导设计和施工的框架，违反了很可能会导致问题出现，但不违反也不代表已经尽善尽美。国家级的规范标准，因为要兼顾到全国各地不同的人文地理风貌、气候环境特点、经济发展水平等各种因素，不可能面面俱到，精细入微。在规范标准的底线和框架下，结合不同项目的不同条件和不同需求，做到安全、卫生、适用、经济、绿色、宜居的要求，不出现明显的不合理之处，是对设计师的基本执业要求。

近年来，住宅工程供需双方矛盾的焦点，是对"不违反规范标准的不合理之处"的认识和理解上。"不违反规范标准"不等于"满足规范标准"，不违反的只是规范标准的明确条文，不是规范标准的思想和原则。满足规范标准，应该既满足规范标准的明确条文，又要遵守规范标准的思想和原则。出现了"明显的不合理之处"，要么是设计师的水平问题，要么是开发商出于成本等其他方面考虑的故意为之。在房价一片向好的年代，购房者对"不合理之处"容忍度高，而开发商的容忍度低，在房价下行时，恰恰相反，这就是矛盾的焦点。

本章给出几个工程实践案例中的"不合理之处"，并从规范、标准、施工、使用等各个角度进行剖析。

第 5 章 新型住宅建造的建筑设计细节

5.1 强降雨对设计的检验

2024 年 4 月 23 日,深圳的一场强降雨将龙华区北站附近一个刚交付的住宅小区推上了热搜。这场强降雨造成该小区周边部分市政路段积水,随后积水漫过人行道涌入小区大门,并通过走道和楼梯间倒灌入小区地下室(图 5.1)。

图 5.1 小区外部积水情况

虽然小区整体积水情况不算严重,地下室积水深度也仅有几厘米(图 5.2),但由于小区刚刚交付便遭此影响,还是引起小区业主的极大担忧。

图 5.2 小区内部积水情况

巧合的是,在本次事件之前,业主们已多次反映该小区大门标高低于市政道路,有浸水风险。针对此问题,开发商认为设计"不违反相关规范",也未采取相关防范措施。

根据《民用建筑设计统一标准》(GB 50352)第 5.3 节,该小区的建筑场地未列入受洪水潮水泛滥威胁的地区,也不属于有内涝威胁的用地。场地的标高最低点在小区大门处,高出周边城市市政道路的最低路段 0.2 m,刚好符合规范要求,但低于大门口外侧人行道标高约 0.3 m，为此在大门口外侧设置了截水沟，以防止客水进入。

虽然此次事件是由周边市政排水问题导致的积水倒灌，但项目自身设计方面是否也存在防御不当或者"不合理之处"，值得进一步分析。

如图 5.3 所示，那场强降雨后，该小区周边实际积水区域只有左下角两条市政路交会处的几十米范围，积水深度 40～50 cm。然而，仅仅是这样的水量，就造成了一个新建住宅小区如此大面积积水、浸水，说明该项目在设计上存在"不合理之处"。涌水点位于小区大门处，大门选址在周边道路的最低洼处，是最易积水的路段，这无疑增加了积水倒灌的风险。

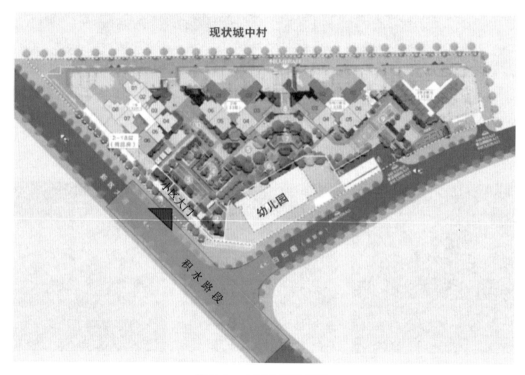

图 5.3　小区平面布置图

小区大门处的标高低于外侧人行道标高两步台阶的高度，约 30 cm（图 5.4）。从降雨时的情况来看，当时积水水位基本与大门口外的门牌石齐平，高出人行道约 15 cm。也就是说，如果小区大门的设计标高能够高出人行道 15 cm 以上，这次倒灌事件就完全可以避免。而室内标高至少高出室外标高 15 cm 也是建筑设计中为防止室外地面雨水倒灌所提出的基本要求。

第 5 章 新型住宅建造的建筑设计细节

图 5.4 大门处标高

此外,该小区的截(排)水设施在关键时刻没有发挥作用。总结该积水倒灌事件的教训,在强降雨、超强降雨频发的深圳地区,设计时应采用更加可靠的措施预防雨水倒灌,尤其是与市政道路接驳的出入口处。本书建议将前文提到的规范条款修订为"接驳处应优先采用标高阻断方式预防雨水倒灌,低于市政道路标高采用截(排)水沟的,不能因市政排水设施失效积水而丧失截(排)水能力"。也就是说,设计时应尽量采用可靠度较高的标高阻断方式防止雨水倒灌,否则应特别加强截水、排水措施,避免出现在市政道路积水时,项目的截(排)水设施也同时失效的情况。该项目如果能够做好上述几点,就不会遭此水患。

5.2 对小区大门的争议

前文的小区大门,在最初设计时为物业管理用房,因在销售时曾作为营销中心使用,所以设计了一部直通花园的垂直电梯(也是销售时的看楼通道)。在交付后,该入口被业主当作大门使用,成为小区使用率最高的人行主入口。从该位置出入小区最为便捷,还可兼做小区会客厅使用。在遭受积水倒灌之后,这里成为供需双方争议的焦点,争议点除标高设置外,还包括选址合理性和电梯配置数量问题。

在规划设计时,这块建设用地北侧为城中村,东侧是地铁高架桥,西侧是现状主干道,南侧是规划在建的支路,唯一能够利用的就是西侧这条主干道(图5.5)。地块红线在主干道这一侧的南北向长度只有136 m,其中北段紧邻城中村,且坡度较大,正上方还规划了一栋塔楼,不具备临时用作营销接待的条件。因此只有南段勉强可以利用,也就是现在这座大门所在的位置。

图5.5 小区周边关系图

竣工交付之后,该大门开始作为小区人行主入口使用时,暴露出诸多不便。一是最初设计时该位置并未按小区人行出入口进行设计,由于该位置离市政道路交叉口距离太近,规划上不具备开设出入口的条件,所以市政道路的人行道、绿化带均无法在此开口。大门外的市政路段,也不允许机动车缓行、临停,导致业主出入非常不便。二是从小区到学校和幼儿园的路线绕行严重,这是步行进出小区最为主要和最为集中的人流方向,但设计师在设计时并未考虑这点。三是电梯设置数量不足,由于在最初设计时该位置仅作为物业管理用房与小区花园之间的交通联系使用,在营销阶段也仅仅是兼作临时看楼通道使用,因此一部垂直电梯上下两站运行足以满足当时的使用要求。但交付后,面对一千多户业主的日常使用,尤其是早高峰入学入托人流集中时,一部电梯就显得拥挤,等梯时间也较长。

于是,业主和物业同时将目光聚焦在小区的另外一座大门上。其实,该小区在2栋和3栋之间还设计建造了另外一个大门,而且其建造品质也不低。但这个大门却直接面向城中村,且门前没有市政道路,接送车辆只能从城中村内部绕行,导致出行更加不便。更令人不满的是,这个大门的开启方向与幼儿园和学校的方向是完全相反的,出入小区的老幼人流不得不在小区外绕行大半个小区才能到达幼儿园和学校。

这块建设用地东西长,南北窄,北侧为城中村,东侧是地铁高架桥,西侧是现状主干道,南侧是刚刚建成通车的城市支路。塔楼靠北侧一字排开,坐北朝南。地块南侧毗邻支路,这个方向正好是塔楼的南向主立面,理应作为小区的形象门楣。该方向东高西低,虽然坡度有点大,但在中间段,幼儿园东侧的标高正好可以接驳市政道路;该方向后侧对应2栋和3栋连接处,纵深空间足够,还可以借助小区大门的微地形实现逐级抬升设计,不仅可以巧妙化解幼儿园的入口高差,还可以共用缓冲场地和大门形象,可谓是小区主大门最理想的选址。

然而,理想很丰满,现实很骨感,大门最理想的选址被高出地面的地库出口"横刀夺爱"。不光如此,其还将幼儿园出口一劈为二,左右两侧各设置了一条长长的坡

图 5.6　车库出口与幼儿园出入口之间的关系

道(图5.6)。早高峰时段,上班、上学的车流与人流交织,视线受阻,笛声骂声一片;放学时段,成群孩童踩着扭扭车从坡道冲下,迎面遇上从地库爬坡冲出地面做180°转弯的车辆,存在重大交通安全隐患。

该小区局部设计不合理与房地产开发中的"高周转模式"有很大关系。该项目2021年9月拿地,2022年2月取得工程规划许可证,3月开始主体结构施工,6月实施预售,11月主体封顶,2023年6月完成竣工验收,总开发周期不到2年。此外,南侧市政道路在主体结构封顶后才开始施工,标高相比规划时可能有所调整,但项目设计和建造团队没有及时跟进修改标高,导致该侧接驳关系变得极其混乱。尽管可能存在规划条件上的各种限制、建造过程中的各种困难,但是面对这些不合理之处,开发商团队在思想上缺乏警觉,专业判断上不够敏感,整改行动上不够坚决,面对困难时未能坚持到底,没有为业主把好关,留下了缺憾。

5.3 被忽视的归家路线

"重户型、轻公区,重地上、轻地下"是很多住宅工程设计的惯性思维。户型是销售展示的核心,也是设计围绕的中心,由于经过谨慎研究和反复推敲,因此一般不会有太大问题。公共区域相较于户型,重要性要差一些,通常不会出现在户型图展示页上。至于其他地上、地下配套,更是容易被忽视,购房者在买房时往往关注较少,销售顾问也倾向于只强调优点。然而,交房时,购房者会从各个角度重新全面地审视自己的房子,包括户内户外、地上地下,这时候"不合理之处"往往会集中暴露。

大部分业主只有在交房之后才有机会开车进入地下车库,寻找自己的楼栋,然后坐电梯回家。这条日后几乎要天天使用的归家路线,直到此时才第一次完整地展现在业主面前。如果地库出入口与市政道路接驳顺畅,地库行车路线便捷,各楼栋主要入口分布在路线旁明显位置,装修设有入户标志物和缓冲区,进入电梯厅的路线简短宽敞,这样的设计会让业主使用方便、心情舒畅。这就是合理的设计,反之,就是不合理的设计。

以这个小区的归家路线举例(图5.7)。

两个相邻地块共同开发建设了一个住宅小区,花园以下设三层车库,自上往下分别是半地下一层、半地下二层和地下一层,其中半地下一层在两个地块间不连通,另外两层则是连通的。西地块占地面积是东地块的两倍,设两个车行出口两个车行入口;东地块只设一个车行出口。虽然东地块缺少车行入口,但开车绕行几百米从西地块进入地库并不是太大的问题。真正的问题在于东地块半地下一层虽然设有上百个车位,但人却不能直接进出电梯厅,业主停车后,要从车行坡道走到半地下二层才能坐电梯回家。

另外一个问题是楼栋在地下室的入口藏在地下室的角落,位于车道尽头、回车区以外,开车绕行却很难找到。停车后,业主要挤过车位,穿过两道人防门,跨过集水井(图5.8(a)),再爬上台阶(图5.8(b)),推开防火门,才能到达电梯厅。这个入口不仅隐蔽难找,而且路线曲折狭长,通道内还设有台阶且未设无障碍坡道,使得归家路线使用非常不便,给业主留下了无尽的烦恼。

这种大地块的地下室其实布置起来并不困难,之所以会出现这样的不合理之处,主要是因为设计师和开发商并没有把业主最常使用的设施放在首位,而是优

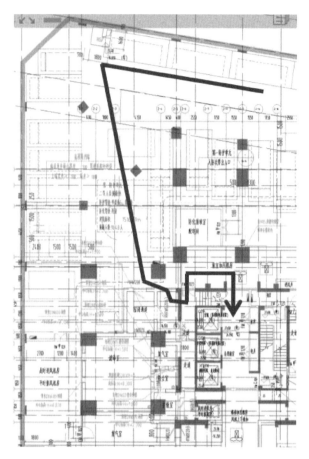

图 5.7　某住宅楼的归家路线图

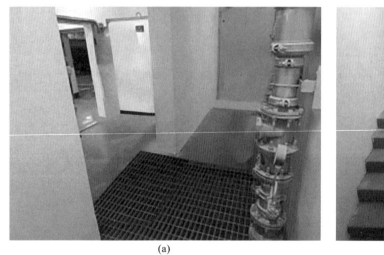

图 5.8　某住宅楼的归家路线图

先布置了设备房、功能间、集水井等其他设施,导致最后安排归家路线时只能见缝插针、左突右拐、上上下下,等到验收时早已没有修改的空间,交房后,只能无奈地接受业主的审判。在这个例子中,后期在业主强烈要求下,开发商不得不牺牲部分车位,增加了一条十几米长的坡道,绕过几个弯道后才勉强到达电梯厅(图5.9)。

图5.9 某住宅楼的归家路线图

地下车库停车区与同层住宅塔楼电梯厅之间若存在高差,往往通过设置台阶来解决,但这给居民的日常使用带来诸多不便。问题的根源在于住宅往往采用剪刀梯,塔楼的层高与地下车库的层高不同,楼梯间尺寸通常是按照塔楼标准层的层高设定的。由于地下车库的层高通常大于住宅标准层层高,所以地下车库的楼梯间就需要设计更长一些。如果楼梯间两端设有管道井或者剪力墙,会导致地下车库的楼梯间无法按需要拉长,此时,楼梯间内没有其他增设梯段的空间(图5.10),因此只能将电梯厅的地面抬高,使电梯厅的层高与住宅塔楼标准层的层高一致,以满足楼梯间尺寸的上下统一。由此,地下车库的电梯厅与停车区之间便产生了高差,这个高差在数值上往往和住宅标准层层高与地下车库层高之间的差值一致,且只能在电梯厅和楼梯间区域之外消化,于是在归家路线上就出现了台阶。

地下第一层车库一般不会出现上述情况。地下车库层高一般在3.5~4 m之间,顶板上往往有1.5 m左右厚度的覆土层,所以花园下方的地下第一层车库的层高加上覆土层厚度通常会超过5 m,但通常不会超过两个住宅标准层的高度,因此,该层在上下尺寸统一的楼梯间内设两段楼梯刚好能够解决。但地下第二层、地下第三层的车库,其高差就只能在楼梯间之外另外想办法解决了。图5.9所示的高差接近2 m,是最下面两层车库的高差累计造成的结果。

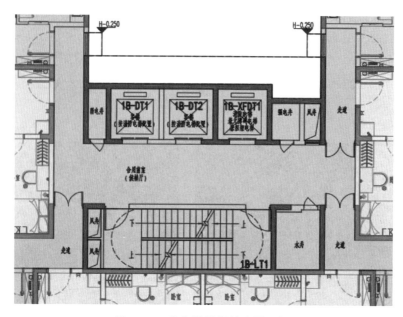

图 5.10 住宅楼梯间的布置示例

这种情况在紧凑型住宅项目上经常出现,因为这些项目为了减少公摊面积,几乎全部都采用剪刀梯,且楼梯间直接向电梯厅方向开门。同时,风井、水井、电井等设施围绕楼梯间布置,导致楼梯间在车库层没有了拓展空间,只能在电梯间之外设置台阶。再加上建设单位和设计院都对这个事情的重视程度不够,导致问题普遍存在。

5.4 设在屋顶的社区公园

在城市建成区有一块 3000 m² 的建设用地,要建一栋住宅楼,并返还部分社区公共活动空间。规划总建筑面积约 20000 m²,包括一栋 28 层的小户型住宅楼、二层裙房和三层地下室。该住宅楼的一层部分架空,二层为老年照料中心,三层以上为住宅塔楼,物业管理用房设在塔楼的三层,裙房屋面设有面积为 300 m² 的社区公园。该社区公园同时也是小区唯一的室外绿化活动场地(图 5.11)。

图 5.11 设在屋顶的社区公园

由于住宅塔楼的电梯在三层不停靠,业主要去活动场地要先下到一楼去到室外,再乘坐公共电梯上到裙房屋面。社区公园不仅设在私人小区裙房屋面,还要通过电梯楼梯才能到达,对非小区的社区居民来说,使用率估计不会太高。另外,作为本小区唯一的绿化活动场地,小区业主却不能通过最便捷的方式直接到达该场地,在小区居民中的使用率估计也不会太高。之所以会出现这样一个对各方来说都不方便的社区公园,很可能是因为设计师只专注满足规划条件,而忽略了其实用性。

理想的设计应当将社区公园设在一楼地面,这样既方便周边市民使用,也能方便本小区业主使用。然而,这样做会进一步降低建筑物覆盖率,可能需要削掉裙房大部分面积,将配套用房向塔楼下面几层集中。为了提供规定的保障房面积和套数,只能将塔楼进一步拔高,尽可能多建几层。拔高以后也在百米限高以下,造价增加量不会太大。拔高楼层带来的造价增加量不会太大。真正导致造价显著提高的是将一楼的车位移至地下,这样做就需要再增加一层地下室。实际上,如若将社区公园移至一层地面,与周边市政道路无缝衔接,融合退线空间设置停车位,解决地面上的 33 个车位指标应并非难事,不一定要增加一层地下室。

按照目前的设计,这个位于裙房屋面上的社区公园是否计入本小区的绿化?如果计入,那为什么业主无法便捷到达?如果不计入,那小区的绿化体现在哪?如果业主提出上述疑问,请问该如何回答?按照现在的方案,如果塔楼电梯在三层设站停靠,或许可以解决上述问题。塔楼电梯在三层设站停靠,就需要额外的交通空间和门禁系统,且这些设施不能与配套用房直接连通,这可能导致配套用房的面积不足,要将塔楼第 4 层改造为配套用房,最终仍需要加高一层塔楼,配套用房的电梯、楼梯也要相应增加一层,还是带来费用的增加。

5.5 "漏斗风"的影响

单侧开敞式过道因具有面积计算上的优势,成为当前深圳住宅项目上的常用设计。为减少飘雨影响,单侧开敞式过道一般会在外侧设计 600 mm 宽挡雨飘板。但类似的开敞,相同的飘板,却有着不同程度的飘雨影响,是地点不同,朝向不同,还是风速不同?即使同一地点同一栋楼,不同的平面布置不同的构造特点,其飘雨影响也不完全一样。比如,盐田有一栋百米高住宅楼,在每层设计了 6 个开敞式的过道洞口,但各洞口的飘雨影响也不尽相同。究其原因,可能是因为"漏斗风效应"。"漏斗风效应"指的是建筑物"大开口"与"小洞口"联通时,在"小洞口"处风速会增大。这一现象与住宅楼的平面布置、洞口的尺寸及连通情况有密切关系。

图 5.12 是作者曾经居住过 10 年的外廊式住宅楼,其在电梯两侧各设置了一段长约 8 m 的外廊,外设 600 mm 宽挡雨飘板。在这 10 年间,飘雨对作者的正常居住并没有造成太大影响。图 5.13 为上文中说到的盐田某高层住宅楼,每层 6 个开场式过道洞口,其中②、③、④、⑤号飘雨特别严重,①、⑥号相对较轻。

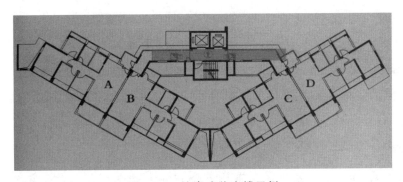

图 5.12　外廊式住宅楼示例

两栋楼均在深圳,风雨的强度差别不大,但平面布置完全不同。外廊式住宅楼仅单侧开敞,并未设置贯穿通道与楼体其他方向的立面连通,开敞一侧的立面基本规整,无凹槽、天井等兜风聚风空间。盐田住宅楼恰恰相反,平面呈四角梅花状布置,四副"花瓣"之间的腋下各设有一个通高凹槽,内筒设回字形内廊与每个凹槽连通,内廊中仅设有一道防火门。从每个凹槽外口向内看,其形状就像一个立着的"口琴",四个凹槽形成四个"口琴","口琴"间由回字形内廊连通。在风雨天气中,风压由凹槽外口涌入,在内廊洞口(类似"口琴"的"音孔")处,由于"漏斗风效应"形成高速气流,将雨水带入内廊。

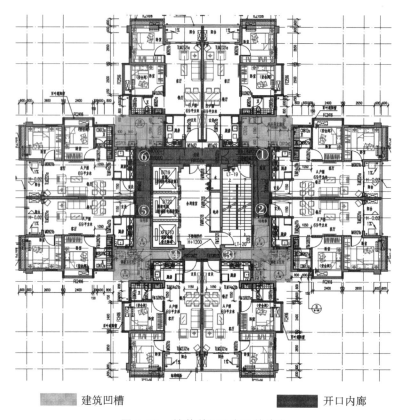

图 5.13 楼体的"漏斗风效应"

②、③、④、⑤号洞口飘雨较①、⑥号飘雨更加严重,可能是因为②、③、④、⑤号洞口外侧的凹槽和天井更加深入楼体内部,气流相互干扰更加复杂。①、⑥号洞口分别只用面对一个凹槽,气流关系相对简单一点。另外,这两个洞口离入户门相较其他几个洞口会远一些,飘雨的破坏性没有那么强。

由此可见,盐田住宅楼平面布置比外廊式住宅楼的平面布置要复杂的多。由于"漏斗风效应"的影响,盐田住宅楼的内部构造更易于风雨涌入,这是造成过道飘雨的主要原因。在进行住宅设计时,应该针对上述情况主动规避"漏斗风效应"的不利影响。

另外,由于入户门靠近洞口布置,飘雨会直接拍打在入户门上并流入户内。这是造成飘雨影响的另一个主要原因。按常规方式设置地漏排水对飘雨几乎不起作用,因为地砖铺设的排水的坡度过小,不利于收集漫流的雨水。建议对于有飘雨隐患的地面设置排水浅沟,并最好适当"降板"。

5.6 难以保证的自然通风

《夏热冬暖地区居住建筑节能设计标准》(JGJ 75)中提出的第一条设计要求就是"应有利于自然通风"。良好的自然通风可以显著降低房间自然室温,有效缩短空调开启时间,节能效果明显,便于提高换气次数,有利于改善室内空气质量。可见,自然通风在促进居住环境健康、环保、节能方面的重要性,然而在目前建筑节能措施中,却没有给它应有的地位。

影响自然通风效果的因素有朝向、通风开口面积和通风路径。深圳属于夏热冬暖的季风气候,受季风、海洋与山地形成的局地风以及城市居住区形态等因素的影响,居住建筑任何朝向的外窗均有迎风的可能,因此朝向不是自然通风的关键控制因素。

通风开口面积指的是门窗的可通风面积,不同于门窗的可开启面积,与门窗的开启方式和开启角度有关,且往往小于"可开启面积"。规范要求居住空间的通风开口面积不小于地面面积的10%,厨房、卫生间、公共区域的通风开口面积不小于外窗面积的45%。在当今住宅设计中,对于居住空间的外窗通风开口面积,如不做限位要求,采用平开方式时,其通风开口面积基本等同于可开启面积,也满足10%的最低规范要求。值得注意的是,在设计和验收过程中,相关人员往往直接使用开启扇的面积来代替通风开口面积。如果在设计时,正好取的规范下限,会存在实际通风开口面积不满足规范要求的情况。

通风路径对自然通风的影响更为关键,也更难保障。以小户型为主的高层住宅楼,每层布置的户数较多,存在单一朝向的户型,这些户型仅能通过又窄又深的建筑凹槽来实现通风,会造成某些户型不具备有效的自然通风路径(图5.14)。许多电梯厅虽然设置了外窗,但因消防安全的要求无法开启,完全无法自然通风,闷热难耐(图5.15)。该问题已引起部分业主的注意和质疑,还产生了不少的矛盾。实际上,电梯厅及过道上的防火门、外窗可以采用消防联动的方式,实现平时开启、火灾时自动关闭的要求,从而解决这一问题,增加的工程造价也不多。

此处有必要对《夏热冬暖地区居住建筑节能设计标准》中规定的"有效通风路径"做进一步的讨论。作者认为,从鼓励加强自然通风的角度出发,对于通过凹槽形成的通风路径,如果其凹槽开口朝向与路径另一端开口方向相同,则该路径不应算作"有效通风路径"。此外,本书引入了"户内自然通风"及"通风路径夹角"的

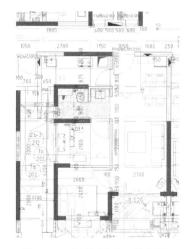 

图 5.14　仅能通过凹槽通风　　　　图 5.15　无法开启的外窗

概念。做到"户内自然通风"指的是无须通过户门和单元公共区域通风口即可组织出有效通风路径,即住户的通风效果无须依赖于自家的户门和公共区域的外窗、洞口等,通风更加自由、便利。"通风路径夹角"指的是户内自然通风路径两端开口朝向之间的夹角,这对自然通风效果和住房品质有着重要的影响。如果某户住房所有通风路径的夹角都是 0°,那就是前文所说的单一朝向户型了;若夹角等于 90°,说明该住房有两个朝向,是目前多数住房的常规配置;夹角越大,通风效果越好,达到 180°时,我们可以认为该户型为高品质的"南北通透"户型。"户内自然通风"和"通风路径夹角"也是本书第 7 章住宅性能品质评价体系中的两个重要指标。

第 6 章
住宅卫生间设计及防渗漏措施

卫生间是住宅的重要设施,是住房环境和工艺最复杂的部位,承担着排气、排污的重任,经受着给水、排水、防水的考验,布局上既要摆得下"三件套",又要面积控制在 4 m² 以内,同时做到适用、紧凑、不漏水,这是经济适用住房对卫生间设计的基本要求。

自新型住宅建造工艺引入以来,卫生间的设计和施工得到了高度重视,取得了不错的进展,但仍然是渗漏问题频发的区域。就渗漏的形式来看,向楼下渗漏的情况已经明显减少,偶有发生也是集中在预埋线管线盒处,更多的还是同层窜水。

本章在阐述卫生间平面布局和纵向布局的基础上,分析当前卫生间设计方面的优缺点;结合工程实际,归纳出渗漏的主要形式和相应防治措施,指出防渗漏技术的创新方向;最后用一个典型案例深刻剖析卫生间同层窜水的维修方法。

6.1 住宅卫生间的平面布局

在城市刚需的经济适用住房中,卫生间必不可少,但也不能"多吃多占"。两房户型设置一个卫生间,三房或四房户型设置两个卫生间是商品房的标配。在保障性住房里,无论两房还是三房户型都只能设置一个卫生间。另外,对于卫生间的面积,行业内也有一条自我约定,即不能超过 4 m^2。在南方地区,卫生间具备开窗通风的条件也是必不可少的。经反复推敲,综合各家设计院的设计实践,我们发现在紧凑型的住宅里,卫生间基本被限制在长方形和正方形两个平面布局中。

《住宅设计规范》中规定安装有便器、洗浴和洗手台的卫生间使用面积不应小于 2.5 m^2,但实际正常家庭卫生间若要实现这"三件套"的合理摆放,并基本满足使用需要,至少要3~4 m^2 的空间。规范中对于仅包含便器、洗浴"两件套"的卫生间最小使用面积不小于 2 m^2 的规定,或许存在一定的优化空间。

6.1.1 长方形布局

长方形布局是紧凑型住宅卫生间最常用的平面布局形式(图 6.1),因为这种卫生间的长度正好与房间开间或进深尺寸相一致,不偏不倚,不余不亏。这种卫生间在其端头设门,门前空间与洗手台使用空间合用,便器空间与淋浴门前空间合用,通行功能与使用功能完美结合,一点也不浪费,相互也不干扰,面积使用效率很高。因此,该布局在住宅中被广泛采用。

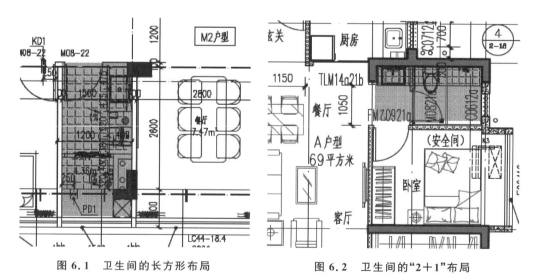

图 6.1 卫生间的长方形布局　　图 6.2 卫生间的"2+1"布局

第6章 住宅卫生间设计及防渗漏措施

为了满足保障性住房两房户型尽量不单独设置过道的要求，长方形卫生间又衍生出"2+1"布局（图6.2），即便器、洗浴设在卫生间门内空间，洗手池设在门外空间，这样，门外空间可兼做通向另一侧卧室的交通空间。如果扣除兼做的交通面积的话，卫生间"保4争3"的目标可以基本实现。所谓"保4争3"，指的是将卫生间面积控制在4 m² 以下，争取做成3 m²。这种"2+1"布局在行业内习惯称之为"干湿分离"，它进一步节省了面积，提高了面积使用效率。这种布局在紧凑型两房，尤其保障性住房户型中的应用越来越广泛。

6.1.2 正方形布局

正方形布局卫生间（图6.3）一般设置在两房户型中的两个对门卧室之间。由于客厅通往这两个卧室的交通需求，无法布置"2+1"布局，只能将洗手池重新移至卫生间内部。由于受卧室开间的限制，卫生间长度不够，无法做成长方形布局，只能将卫生间宽度拉大，做成正方形布局。

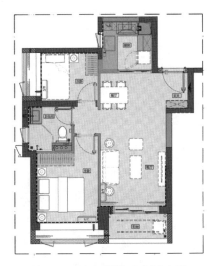

图6.3 卫生间的正方形布局

正方形布局中，洗手区、淋浴区、便区和门口交通区分占正方形卫生间的四角。为避免交通受阻，通常将淋浴区布置在卫生间最里面的区域。正方形布局的卫生间的尺寸要求比长方形布局的卫生间要略大一点，即使这样，淋浴区还是略显局促。如果排污立管管井也被设在卫生间内，那么各种设施的布置将更加困难，所需要的面积可能要超过长方形布局的卫生间1 m² 左右。

除了这种对门设置的两居室外，三房中的主卧卫生间也常面临进深不足，无法采用长方形布局的问题。如果要增加卫生间的进深,就需要使其向外墙突出,在深圳出台了限制落地凸窗的规定以后,这种外墙结构的布置就变得困难。因此,正方形布局的卫生间较长方形布局的卫生间采用的少。

这里需要注意的是,无论是长方形布局还是正方形布局的卫生间设计,凸窗并没有得到有效利用,主要原因是深圳出台的关于落地凸窗的限值条文。"三件套"中仅有洗手台可以结合凸窗台进行布置,类似于现在很多厨房将洗菜盆架设在凸窗台上一样。但卫生间的开门位置不如厨房那么方便,最内侧凸窗上设置洗手台既不方便使用,又增加了对交通空间的需求,对长方形布局的卫生间意义不大。但对于正方形布局的卫生间,这种布置形式或许值得一试,即使节约的面积有限,也能在一定程度上改善卫生间使用上的宽松感。

6.2 住宅卫生间的竖向布局

卫生间的平面布局的重点主要是研究其使用的便利性,竖向布局的重点则是防渗漏。

在深圳地区,沉箱卫生间是常用的竖向布局形式,其自下而上的构造依次为沉箱底板、防水层、找坡层、回填(架空)层、硬质垫层(架空预制板层)、找平层、防水层、保护(找坡)层、地砖面层、使用空间和吊顶层。此外,当前流行的半沉箱卫生间设计,又进一步加大了住宅卫生间竖向布局的复杂性。

6.2.1 沉箱的深度

沉箱内各构造层的厚度如下:防水层+找坡保护层厚度约50 mm,管道层厚度为150~200 mm,硬质垫层(架空预制板层)+找平层+防水层+保护(找坡)层厚度约为100 mm,地砖面层厚度为10~20 mm。因此,沉箱自结构标高以下的深度需求为300~350 mm。沉箱结构板厚度为100 mm(深圳要求厚度不小于120 mm),其下方的吊顶层厚度约为100 mm。

为满足使用净高不低于2.4 m的要求,层高须在2.9 m以上。设置半沉箱的目的是为了优化吊顶内管线设备的布置,比如给水管、强电线管、排气扇及其管道等,可以将上述设备布置在非沉箱的下侧空间内。如果设置了全沉箱,则吊顶内空间需要更大,使用净高则要进一步被压缩。

6.2.2 沉箱的回填与架空

沉箱内管道安装完成以后,针对管道周边的空隙,目前有两种处理方式,一是传统的回填,二是将沉箱架空。回填材料一般采用陶粒混凝土、泡沫混凝土、素混凝土等。架空则是通过构建灰砂砖地垄墙,或者采用素混凝土做支撑墩,上盖预制混凝土板作为地面基层。目前两种做法使用率都很高。

回填的目的是排空管道周边空隙,尽量压缩存积水的空间。最初的做法是采用素混凝土回填,但由于沉箱内管道较多,振捣难以充分进行,导致回填混凝土内存在较多的裂缝,容易积水,同时素混凝土自重大,检修时开凿的难度也大。

因此,后来回填材料被调整为陶粒混凝土,实际上是通过预拌砂浆与陶粒混合而成。陶粒混凝土回填通常的流程是,先将陶粒倒入沉箱,再灌入水泥浆,但要控制灌入量,使陶粒间仅简单黏结,保证陶粒的过水性,让水更加容易从沉箱底的二排地漏排出。

也有项目为了节省人工,采用泡沫混凝土进行回填,这种材料使用机器制备后可以直接泵送,操作方便快捷。但是泡沫混凝土内空隙多是闭孔,透水性较差,如果上层防水措施失效,水进入回填层内,便难以通过沉箱底部的地漏排出,实际使用效果不佳。

最近几年,一些开发商放弃了传统的回填做法,选择将沉箱架空(图6.4),同时在沉箱底安装二排地漏,以便有水进入时可以顺畅地从地漏排出。架空比回填更省材料,更容易检修,防排水也能保证,因此被越来越多的项目采用。

图6.4 沉箱卫生间的架空做法

6.2.3 沉箱的优缺点

沉箱卫生间的优点包含以下几点:①管道都设在本层本户之内,对下层住户没有干扰和影响;②沉箱大幅减少了穿越楼板的管道数量,降低了管根处渗漏的风险;③沉箱拉大了防水纵深,可以多道设防、多道设排,即使面层防水失效沉箱仍能承担防水工作,多了缓冲空间。

沉箱的缺点也很明显。首先,其结构复杂,楼板由平板改为折板,施工难度加大;其次是构造复杂,涉及回填、架空、多道防水、多道保护、层层找坡、箱底二排等;再者是检修困难,虽然无需进入他人户内去检修,但在自家检修也需要破除地面、挖出沉箱,才能看到管道;最后,施工过程浪费材料,工序繁多,造价高昂。

6.2.4 取消卫生间沉箱的设计

沉箱卫生间的设计初衷是为了符合《住宅设计规范》中"污废水排水横管宜设置在本层套内"的规定,但需注意此处为"宜",不是"应",因此并不是强制性条文。《住宅设计规范》还提到"当敷设在下一层的套内空间时,其清扫口应设置在本层,并应进行夏季管道外壁结露验算和采取相应的防止结露的措施",可见,沉箱卫生间并不是《住宅设计规范》规定必须采取的设计。

沉箱卫生间优点明显,缺点也很突出。随着铝模技术的不断成熟和预埋止水节工艺的广泛应用,管根渗漏已不再是卫生间渗漏的主要形式。检修、降噪也有相应的解决方案,从技术上基本具备取消卫生间沉箱的条件。目前,越来越多的住宅项目都在尝试取消卫生间沉箱,恢复原来小降板式卫生间做法(图 6.5),未出现突出质量问题,行业及业主对此做法也未表现出明显不适。从简化构造、减少渗漏、安全可靠、节约造价的角度出发,本书也建议取消卫生间沉箱。

图 6.5 卫生间小降板做法

如果仍对行业的接受度缺乏足够信心,至少可以先尝试将"2+1"布局里的"1"区沉箱去除。"1"区即洗手台区,它实际上位于卫生间门槛之外,与客厅及卧室相连通。此区域如果选择保留沉箱,沉箱边缘将非常不易封堵,存在渗水窜水隐患。该区域虽设有洗手台,但地面基本不涉水,即使有少量水撒溅,也不会造成实质影响,与客厅的情况相似。建议此处务必要取消全沉箱设计,洗手台下方的半沉箱也要取消,甚至可以考虑不采用小降板设计,只在楼板基层之上涂刷一道防水,再用砂浆进行保护并找平后,直接薄浆贴砖即可。洗手盆排水管可以选择走地面,隐藏于落地洗手柜内,进入卫生间后在马桶后侧角部接入沉箱,并用贴砖进行遮挡,如图 6.6 所示。

图 6.6 局部取消沉箱的做法

6.3 住宅卫生间渗漏的主要形式

卫生间是住宅中用水量最大的区域,最大的隐患就是渗漏,渗漏形式主要有以下几种。

6.3.1 楼板开裂处渗漏

卫生间的混凝土楼板是防水的基层和最后一道防线,如果楼板开裂,会导致防水层撕裂破损,防水层失效,最终造成渗漏(图 6.7)。卫生间楼板跨度小,厚度薄,又埋有管线和线盒(图 6.8),容易发生开裂。尤其是沉箱卫生间楼板,因采用吊模,浇筑时不能充分振捣,混凝土密实性难以保证,故经常发生开裂渗漏现象。

图 6.7 卫生间楼板开裂　　　　图 6.8 卫生间楼板内预埋的管线

6.3.2 楼板预埋线盒处渗漏

卫生间楼板预埋线盒的位置,占据了楼板厚度的一半以上,是结构自防水体系的薄弱点。当防水层失效后,水容易在楼板预埋线盒处形成渗漏通道,并且渗漏可能会沿相连的线管扩散到更远的其他房间,带来严重的危害。许多卫生间楼板渗漏的案例,便是发生在此处。即使是由于楼板开裂导致的渗漏,也往往会在楼板预埋线盒处形成滴水现象。

6.3.3 穿楼板管道周边渗漏

穿越卫生间楼板的竖向管道往往由于其与混凝土结合不紧密或者封堵不密实,造成渗漏。这个位置是传统多发的渗漏点。该位置多采用预埋套管施工,在管道安装完成后再吊模吊洞封堵,若操作不慎极易造成渗漏(图 6.9)。

图 6.9 管根处渗漏

6.3.4 隔墙根部渗漏

当卫生间地面积水或卫生间进行闭水试验时,水会进入地砖下的砂浆层,并在其中积聚、流窜,继而从墙根防水破损处渗入墙体,穿过防水反坎的缝隙,造成隔墙外侧墙根潮湿发霉,破坏装修面层。这是一种较普遍的渗漏形式(图 6.10)。

图 6.10 隔墙根部渗漏

6.3.5 卫生间门槛处渗漏

当卫生间门槛处防水封堵不严时,由于内外地砖和门槛往往采用干硬性砂浆

第6章 住宅卫生间设计及防渗漏措施

通铺,再加上该位置存在给水管下穿,因此极易形成过水通道。水容易从此处渗漏出卫生间,导致门两侧墙体和地面潮湿。严重的时候,水会进入客厅地砖下的砂浆层内,并通过楼板下渗到楼下,或通过楼板内预埋的线管流向楼下的电箱。这是一种比较常见又影响范围较广的渗漏形式(图6.11)。

图6.11 卫生间门槛处渗漏

6.3.6 叠合楼板下阴角处渗漏

这种渗漏是伴随着叠合板的大量使用而逐渐出现的。水从卫生间缺口梁阴角处进入,穿过吊模浇筑的叠合现浇层几厘米厚度的混凝土,从预制板端头的冷缝中渗出(图6.12)。这是缺口梁与叠合板共同作用的结果,往往在结构闭水试验时就会发现。为解决该问题,设计时可将叠合板后退几十厘米,用现浇板带代替部分叠合板。这也是预制装配式工艺带来的新的质量问题。

 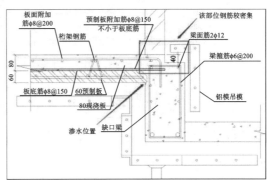

图6.12 叠合楼板阴角处渗漏

6.4 住宅卫生间防渗漏关键措施

针对以上的渗漏形式,在强化防水层施工质量的同时,还需要多角度、全方位、针对性地采取防渗漏技术措施,具体方法如下。

6.4.1 卫生间楼板内禁止预埋线管线盒

卫生间楼板内的线管线盒极易造成楼板开裂,形成渗漏通道,因此在卫生间楼板内严禁预埋线管线盒。管线敷设时,可将其预埋在楼板下的剪力墙或者梁的侧面,在吊顶内明线敷设至使用点(图6.13),这种方法不影响观感和使用功能。这是无需增加额外造价和工程量即可明显改善卫生间楼板开裂渗漏的有效方法,经实践证明既简单又高效,可以广泛推广。

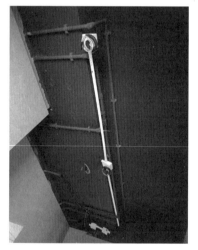

图6.13 卫生间楼板下管线布置示意

6.4.2 卫生间楼板最小厚度及配筋要求

为减少卫生间楼板开裂,楼板的最小厚度不得小于120 mm,且必须双层双向配筋,钢筋直径不小于8 mm,间距不大于150 mm,以提高楼板的抗裂性能。

6.4.3 穿楼板竖向管线采用预埋止水节代替套管吊洞

过去常用的预埋套管工艺需要在安装管道后进行吊洞封堵,对操作人员的技术要求极高,操作不慎便会形成渗漏。在铝模工艺下,施工精度得到了进一步提高,可以直接预埋管道止水节,将其与混凝土楼板浇筑成一体,可有效降低管根部渗漏的风险。此部分可参阅本书第 2 章,新型住宅建造工艺的关键技术之"预埋止水节"。

6.4.4 墙根严格施工混凝土反坎

轻质隔墙根部应严格施工混凝土挡水反坎,最好随主体结构一次性浇筑。若一次性浇筑确有困难,须切实做好交界面凿毛处理,尤其是处理好反坎端头竖缝,再密实浇捣混凝土,同时避免野蛮拆模造成破损。另外,严禁在反坎内预埋线管线盒,避免产生渗漏薄弱点,插座用电可从梁上向下引线。关于反坎的施工方法,有随同层梁板一起浇筑、随下层墙柱一起浇筑和二次浇筑三种方法,经综合比较,目前可靠性较高的方法还是二次浇筑。

6.4.5 严格门槛处防水节点处理

应严格处理门槛处防水节点,优化铝模设计,随主体结构浇筑门槛处小反坎,将墙根处反坎与门槛处小反坎紧密连接,不留空隙。应将卫生间的内防水层包裹至小反坎顶面,同时门槛石应采用水泥浆或瓷砖胶满浆粘贴,严禁采用干硬性砂浆通铺。门框底部 150 mm 段采用石材门框,将其落至门槛石顶面,严禁将门框插入门槛石中。

6.4.6 严禁给排水管道穿越挡水反坎和门槛

严禁给排水管道下穿门槛、穿越挡水反坎。下穿门槛反坎的管道周边封堵非常困难,极易沿管道形成渗漏通道。翻越挡水反坎的管道,其一上一下的构造会削弱挡水反坎的厚度,严重影响防水效果(图 6.14)。而且,给水管道通过地面压槽会对楼板造成伤害,因此应坚决杜绝这种穿越方式,将进出卫生间的给水管和回水管在吊顶内敷设。

6.4.7 强化沉箱底二次排水措施

沉箱底二次排水设施不可或缺,该措施可避免因沉箱内长期积水而造成渗漏。施工时应严格控制沉箱底防水层和排水坡度,准确定位侧排地漏的标高,做到排水通畅。同时,二排地漏应注意主管内污水和臭气的反流。

图 6.14 管线对门槛、反坎防水效果的破坏

6.4.8 防治地砖下砂浆层的积水窜水

卫生间地砖若采用干硬性砂浆通铺,因干硬性砂浆孔隙率高,水会从地砖缝隙下渗入砂浆层,在砂浆层内积存,对底面和侧面防水层造成压力,最终在防水层破损处窜出,顺墙体和结构的缝隙发生渗漏。因此,卫生间地砖严禁采用干硬性砂浆通铺,应先使用水泥砂浆找平找坡,同时在其上方预留 5~8 mm,等砂浆找平找坡层有了强度,再采用瓷砖胶满浆粘贴地砖。必要时应在淋浴区出口处设置止水钢板,避免淋浴区积水从砂浆层窜至淋浴区外。同时,应对整个卫生间地砖缝采用封堵处理。此外,应采用带有暗排功能的地漏将砂浆层内的积水及时排走(图 6.15)。

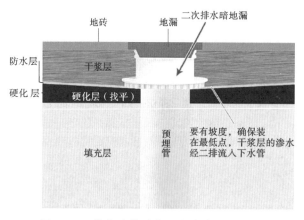 

图 6.15 带有疏排砂浆层积水功能的地漏　　图 6.16 防水层施工质量

6.4.9 强化防水层的施工质量

渗漏大都发生在防水层失效的部位。因此,应在结构自防水基础上,强化附加的防水层施工质量。防水层施工因材料不同、队伍不同、管理不同、工艺不同,防水效果也不同,可靠性偏差较大。因此,现场应加强管理,严格按指标要求采购进场材料,按使用说明调配比例,按设计要求涂刷,保证厚度,按规范组织验收整改,按闭水要求进行效果检验(图 6.16)。

6.4.10 五步闭水法

卫生间应按要求进行闭水试验,建议采用"五步闭水法",其步骤如下。

(1)卫生间沉箱结构拆模后即刻进行第一步闭水,覆盖整个降板区域,同时也是对结构最好的养护。

(2)挡水反坎和门槛施工完成后进行第二步闭水,这一步主要用于检验反坎门槛的接缝处理。

(3)防水层施工完成后进行第三步闭水。

(4)地砖铺贴完成后进行第四步闭水。

(5)分户验收时进行第五步闭水。

第一步和第二步闭水主要检验结构的自防水;第三步闭水主要检验防水层的施工效果,寻找防水层的破损点和薄弱处;第四步闭水主要用于检验贴砖时是否对防水层造成了破坏;第五步闭水主要是为交付做准备。每次闭水时若发现渗漏,须在整改后重新闭水,没有渗漏后方可进行下道工序的施工。

6.5 住宅卫生间防渗漏创新与展望

6.5.1 "结构为本"的思想创新

"结构施工在先,防水施工在后,防水施工之前首先确保结构不渗漏"就是"结构为本"的思想。该思想首先强调要保证主要结构构件的施工质量,优化楼板厚度和配筋,取消楼板内管线预埋,加强施工管理,控制混凝土强度等级,确保楼板、沉箱的施工质量,减少开裂和渗漏,在其拆模后即刻蓄水养护。再者,强化二次构造构件的防水效果,加强防水反坎和门槛新老混凝土交界面凿毛处理,浇筑后蓄水至交界面以上,检验施工缝的防水效果,确保不渗漏,一旦有开裂渗漏,采用结构补强修复的措施进行封堵,确保不渗漏后方可移交防水施工。作为项目的管理方,抓实前面的工序永远比寄托于后续施工更可靠。实践证明,在工程防水问题上,"结构为本"的思想是正确的。

6.5.2 防排结合的技术创新

"防排结合,综合治理"是防水工作的原则,具体可分解为"防、排、堵、疏"。

(1)防,指加强结构自防水和附加防水层防水的能力,强调"结构为本"的思想。

(2)排,指保证排水管道、面层地漏及箱底地漏能够顺畅排水,让卫生间不积水、少积水。

(3)堵,是指细部处理,指将门槛立面封堵、管道周边封堵、反坎竖缝封堵、墙角洞口封堵等。

(4)疏,指将进入构造层里的水自动疏解排出,如沉箱回填层里的水通过箱底地漏的疏排,贴砖砂浆层里的水通过面层地漏下面的暗排地漏的疏排。

6.5.3 勇立潮头的科技创新

既然推崇"结构为本",那就需要做出不裂不漏的沉箱来,现浇做不出,那就预制,现场做不好,就由工厂来做,这就是预制沉箱的技术创新。预制沉箱,连带防水反坎、门槛、管井侧壁根部一同预制,通过工厂振动台反转密实浇捣,蒸压养护,能够确保不渗漏。另一个代表性的创新科技是模块化建筑。卫生间作为模块里的一个组成部分,在工厂完成结构、围护、防水、装修、管道、洁具、质检、验收等工作,通过工厂流水线精细化作业来确保卫生间的不渗不漏。这些勇立潮头的创新科技将进一步提升卫生间的防渗漏能力。

6.6 住宅卫生间同层窜水的案例分析

在这里分享作者亲历的某大型住宅小区卫生间同层窜水的真实案例。

该小区有2000多户住宅,交付后,一定比例的卫生间在进行闭水试验时出现同层窜水现象。其具体表现为隔墙根部潮湿、门框和木地板发霉、客厅地砖缝发黑,甚至有客厅楼板渗水和电箱出水的情况。

6.6.1 原因分析

闭水试验时,水从地砖缝和地漏周边渗入地砖下的干硬性砂浆层,在其中滞留、积聚、流窜,又从墙根防水破损处渗入墙体,穿过防水反坎的缝隙,造成隔墙另外一侧墙根潮湿发霉,装修面层被破坏。另外一个渗漏方向是门槛,由于门槛石及其内外地砖采用干硬性砂浆通铺,更有水管下穿,因此有水从门槛下方窜出,流向客厅,导致客厅地砖下积水、地砖缝发黑、门框根部潮湿、楼板渗水等现象,甚至有水渗入预埋线管内并流向楼下电箱。经专家会审,确定这是典型的同层窜水现象。

6.6.2 "中医疗法"

渗漏的原因已经摸清,症结已经找到,专家会诊后首先给出了局部维修的"中医疗法",以尽量降低对整个卫生间的损伤。其具体做法仍然是"防、排、堵、疏"四字诀,但顺序稍做调整为"排、疏、堵、防"。

(1)排,指通过维修地漏,加长导管,减少从地漏周边渗入砂浆层的水量。其具体做法是增加一根长约100 mm的套管(成品有售),将地漏落水斗插入套管内,并将地漏周边与地砖之间的缝隙进行美缝封堵。如图6.17所示。

(2)疏,指在套管外壁与排水管内壁之间设置锯齿状缝隙,将砂浆层内积水缓慢疏排。套管周边100 mm范围内采用碎石、陶粒回填,并包裹土工布过滤(图6.18),防止沙粒堵塞疏水通道。

(3)堵,指对防水薄弱部位进行重点封堵,需要封堵的部位包括卫生间隔墙内侧阴角处、下穿门槛的水管周边、门槛石内侧立面等,详细做法如图6.19所示。

(4)防,指新建防水层,在开凿范围内新建2 mm厚聚氨酯防水涂料防水层。

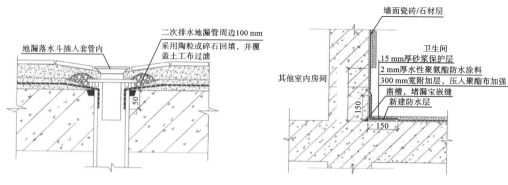

图 6.17 优化地漏疏排水功能　　图 6.18 强化卫生间隔墙阴角防水处理

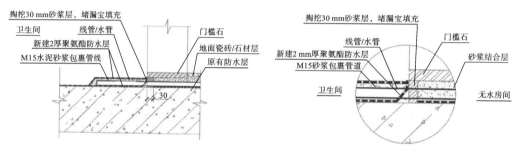

图 6.19 强化门槛石蹿水封堵

"防、排、堵、疏"可以根据实际情况和轻重缓急适当的调整顺序以实现不同的效果,彰显"中医疗法"的博大精深。现场有不少渗漏的卫生间采用该方法处理,损伤小、速度快、造价低,防水效果显著,至今未见再漏。

6.6.3 "西医疗法"

由于当时渗漏的卫生间数量较多,业主群体中普遍表示担心,许多业主要求对卫生间防水拆除重做,彻底解决问题。迫于各方压力,专家又给出了地面整体打凿的维修方案,该方案类似于"西医疗法"中的"大切口手术治疗"。

地面整体打凿维修方案(图 6.20)的具体做法是将卫生间地面瓷砖、淋浴区大理石、门槛石及最下一排墙面瓷砖全部凿除,铲掉黏结层、剥除防水层,清理出基层,对防水薄弱部位进行重点封堵,最后重做防水层。各部位采用的方法与局部维修基本一致,但其范围扩大到整个卫生间地面及地面往上 400 mm 范围内的墙面,极个别案例是整个墙面瓷砖进行打凿和重做。

在打凿过程中,地砖、墙砖、大理石、门槛石、防水层、给排水管、等电位线路等

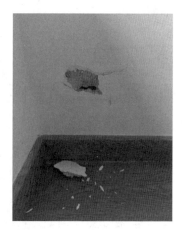

图 6.20　卫生间整体打凿维修方案

全部被凿除废弃,有的卫生间更是将隔墙凿穿,沉箱全部清除,工程量非常巨大。

该方案历时两月,耗资巨大。整体打凿维修完成后,重新恢复卫生间面层装修,再次对其进行闭水试验,没有再发生渗漏现象。

在这个案例中,"中医疗法"和"西医疗法"打了一场"遭遇战",虽然都能解决问题,但代价具有天壤之别。工程师与医生一样,除了需要专业技能之外,还需要具备职业操守,做到实事求是,即大病大医、小病小医、没病不医。对供需双方和谐关系的不懈追求不只在医疗领域,工程领域一样也需要。

第 7 章
住宅工程性能品质评价

究竟什么是"好房子",建成什么样才是"好房子",满足哪些指标要求才能称为"好房子","好房子"是否也应该有差异等级,这些问题都可以通过探索和研究"好房子"的量化评价体系来回答。采用评价得分来定义房子的成色和品质,是一个可行的方案。项目策划阶段就计划好要建一个大概多少分的房子,购房者也确定好自己要买一套大概多少分的房子,统一供需双方对房子性能和品质的理解尺度,是解决目前住房领域供需矛盾的有效方法。

量化评价体系能够将住房性能品质的优缺点呈现出来。虽然单个优缺点不足以全面定义房子的优劣,但优缺点的累加分值能够客观反映房子性能品质的高低。本章将在国家标准《住宅性能评定标准》思想的指引下,探索新型住宅的性能品质量化评价的新方法。

第 7 章 住宅工程性能品质评价

7.1 国家标准《住宅性能评定标准》简介

伴随着住房制度改革和住宅商品化的实施,为了配合建立多元多层次的住房供应体系,促进我国住宅建设水平的全面提升,引导居民放心买房、买放心房,1999 年 4 月,建设部颁布了(1999)114 号文件《商品住宅性能认定管理办法》,决定从同年 7 月 1 日起在全国试行住宅性能认定制度。为配合该项工作的开展,建设部委托住宅产业化中心首先编制了《住宅性能评定方法和指标体系》,并不断修改、完善,最终在 2005 年 11 月 30 日发布了《住宅性能评定技术标准》(GB/T 50362),并于 2022 年 10 月 31 日发布修订版的《住宅性能评定标准》。

7.1.1 住宅性能评定工作的发展历程

自《商品住宅性能认定管理办法》发布之后,住宅性能评定工作陆续开始。在国标《住宅性能评定技术标准》发布之前该工作被称为"住宅性能设计审查",发布之后才统一称为"性能评定"。截至 2006 年 3 月,共有 252 个住宅小区参加了审查评定。在这一过程中,评审小组对住宅小区的规划方案、建筑设计、设备设施和新技术的应用进行了评议,向参建单位提出了大量的优化建议,推动了住宅工程的质量提升和迭代升级。之后,随着住宅产业的高速发展及市场环境的变化,该项工作逐渐转交地方和协会进行组织,方向和重点也在不断调整,逐渐演化为现在的保障房设计方案评审、装配式建筑技术方案评审等工作。

7.1.2 《住宅性能评定标准》的指标体系

《住宅性能评定标准》的指标体系共分为 5 大类,含 31 项,102 分项,318 个指标,满分 1000 分。其将住宅性能分为适用性能、环境性能、经济性能、安全性能和耐久性能五大类,每类性能按重要性和内容规定相应分值,符合情况获得对应得分。其中,适用性能和环境性能满分各为 250 分;经济性能和安全性能满分各为 200 分;耐久性能满分为 100 分;满分总计 1000 分。最终评分为各项性能评分之和,按总得分划分等级。总得分大于等于 600 分但小于 750 分,评为 1A 级;总得分大于等于 750 分但小于 850 分,评为 2A 级;总得分大于等于 850 分且满足选项中特定条款,为 3A 级。另外,各等级除了需要总得分满足条件外,还需要分别满足对应等级的最低分要求。

7.1.3 《住宅性能评定标准》的不足

《住宅性能评定标准》为开展住宅工程性能品质评价工作奠定了理论基础和政策依据,推动了住宅产业优化升级。但其存在一些不足。①该指标体系的设置过于机械,绝大多数来自规范标准的条文,没有兼顾到全国各地不同气候条件、不同风土人情和使用习惯,评定时大部分的工作都是核对规范条文的执行情况。②评定指标中很多都是主观性评价,受评审人员的专业知识水平和主观喜好影响很大。③该指标体系对优胜劣汰的指向性不强,部分影响住宅性能品质的关键指标(如用地面积、容积率、梯户比、通风条件、装修等级等)并没有体现在其指标体系中,对优秀项目的鼓励不够,对劣质项目的打击不足。因此,该评定标准的生命力不强,对住宅市场的引导力不够。一直以来,市场并没有形成对该指标体系的竞争和追求态势。

7.1.4 《住宅性能评定标准》的指引意义

《住宅性能评定标准》最大的贡献是其所探索了一条对住宅产品性能品质量化评定的道路,为我们进一步研究住宅性能品质的量化评定工作奠定了理论基础和政策依据。通过评价,我们可以量化住宅的"优缺点",找准改善住宅性能品质的发力方向。巧合的是,两年前,作者在还没有接触到该评定体系之前,也曾主动发起过深圳地区住宅项目质量通病防治的评审工作,并持续评审了数百个项目,取得了一系列的成果,这为后续研究并推出深圳地区住宅产品的量化评定工作打下了坚实的基础。

7.2 新型住宅性能品质量化评定体系

在国家标准《住宅性能评定标准》思想的指引下,笔者结合全国住宅产业发展现状及深圳住宅市场改革创新的经验教训,摒弃了该体系中过于机械的符合性审查条款和过于主观的非量化指标条目,筛选出指向性明确的指标参数,又增加了大量符合深圳地区住宅性能品质特点的内容,建立了属于深圳市的住宅产品性能品质量化评价体系。该体系分为遵规评定、小区评定、单元评定、户型评定、施工评定五部分。

7.2.1 遵规评定

评定遵规占 60 分,只要该项目设计文件满足现行规范标准,通过施工图审查即可得到该分数。如果该项目在审图过程中被发现存在违反规范强制条文的情况,每处扣减 1 分。设定该基础分,是基于我国住宅产业发展已经打下了坚实的基础,在规划、设计、施工、监理、验收、物业等各个环节都积累了丰富的经验,且各种规范标准体系也已基本建立。从设计环节来看,绝大多数住宅项目都能满足在规范标准框架之内,即使有超规、超限的情况,也履行了超限审查和专家论证。审图环节虽然偶尔会发现违反强制条文的情况,但通常危害都不大。因此,我们将国家标准中最为繁重的规范指标核对工作进行了大幅简化,转而集中精力评审更能体现项目性能品质的指标。此处对审图时发现的违反强制条文的情况进行扣分,主要是从设计和建设单位工作态度及精细化程度方面进行考量。

7.2.2 小区评定

小区评定,指针对小区用地规划 A_1、配套设施 A_2、声环境 A_3、绿色建筑 A_4、规划设计 A_5、保修保养 A_6 等 6 大类指标进行评定。它反映的是整个小区通用性质方面的优缺点,对被评小区所具备的优越的先天条件和主动提高性能品质的后天努力给予加分,反之则减分。例如,用地面积较大的小区给予加分,用地面积较小的小区进行减分;容积率较低的小区给予加分,容积率较高的小区给予减分;配套齐全的小区给予加分,配套简陋的小区给予减分;声环境类别低的小区给予加分,声环境类别高的小区给予减分;公共设施设计合理的小区给予加分,设计不合理的小区给予减分等。上述 6 大类指标共含有 18 分项,共设 24 个加分指标和 12 个减分指标。其具体评价指标及详细说明见表 7.1。

表7.1 小区评定(A)

评定分类	分项	评定指标	分值	评分	备注
用地规划 A_1	用地面积 $A_{11}/(万\ m^2)$	$A_{11}<1$	-2		一般以宗地面积计算,如成片开发的,可合并计算
		$1\leqslant A_{11}<2$	-1		
		$2\leqslant A_{11}<3$	0		
		$3\leqslant A_{11}<4$	$+1$		
		$A_{11}\geqslant 4$	$+2$		
	容积率 A_{12}	$A_{12}<4$	$+1$		以规定容积率计算
		$4\leqslant A_{12}<5$	0		
		$5\leqslant A_{12}<6$	-1		
		$A_{12}\geqslant 6$	-2		
	建筑覆盖率 A_{13}	一级覆盖率>50%	-1		
		二级覆盖率>30%	-1		
	绿化覆盖率 A_{14}	$A_{14}<30\%$	-1		
		$30\%\leqslant A_{14}<40\%$	0		
		$A_{14}\geqslant 40\%$	$+1$		
配套设施 A_2	地铁交通 A_{21}	500 m范围内设有地铁站	$+1$		已开工建设的也可得分
	教育设施 A_{22}	500 m范围内设有幼儿园	$+1$		
		500 m范围内设有小学	$+1$		
		1000 m范围内设有初级中学	$+1$		
	儿童活动场地 A_{23}	小区内配置面积不小于300 m² 的儿童活动场地及相应设施	$+1$		
	老年照料设施 A_{24}	500 m范围内设有老年照料中心	$+1$		
	公园休闲 A_{25}	500 m范围内设有面积超过1万 m² 的公园,或1000 m范围内设有面积超过2万 m² 的公园	$+1$		多个公园的面积可累加计算,已开工的可计入
	商业配套 A_{26}	用地范围内配建面积超过1万 m² 商业或500 m范围内设有面积超过2万 m² 商业	$+1$		成片开发的,可计入配建范围

第7章 住宅工程性能品质评价

续表

评定分类	分项	评定指标	分值	评分	备注
配套设施 A_2	车位配比 A_{27}	机动车位与户数比值>1.0	+1		建筑面积小于等于 40 m² 户型数可乘以 0.3 以后参与配比计算；地下车库连通的，也可按连通全区域计算配比；商业车位乘以 0.5 以后可参与配比计算；机械车位乘以 0.7 以后参与计算
		0.5<机动车位与户数比值≤1.0	0		
		机动车位与户数比值≤0.5	−1		
声环境 A_3	声环境功能区 A_{31}	1类	+1		依据市生态环境局印发的《深圳市声环境功能区划分》，此处以用地所在功能区为准；因交通影响小区局部功能区分类调整的，详见各栋评定打分
		2类	0		
		3类	−1		
绿色建筑 A_4	绿色建筑评级 A_{41}	基本级	−1		
		一星级	0		
		二星级	+1		
		三星级	+2		
规划设计 A_5	小区人行主入口 A_{51}	小区花园主要地面标高高出市政道路接驳处 0.3~1.2 m，且可无障碍通行	+1		此条同时用于鼓励建设全埋式地下室
		小区花园主要地面标高高出市政道路接驳处 3 m 以上，且未设电梯，或设置电梯数量明显不足的	−2		未设置无障碍电梯的等同于电梯数量明显不足
		小区及幼儿园人行主入口、花园内人车分流	+1		消防车道除外

续表

评定分类	分项	评定指标	分值	评分	备注
规划设计 A_5	小区人行主入口 A_{51}	入口处设有小区会客厅或大堂,每处面积$\geqslant 30$ m²,并设有足够专有电梯直达架空花园	+1		每处+1分,最多+2分;各栋独享的大堂不算
	风雨连廊 A_{52}	小区设有环形风雨连廊,可连通每栋住宅楼电梯厅及小区任一人行出入口,总长度$\geqslant 300$ m	+1		
		小区设有风雨连廊,可连通每栋住宅楼电梯厅及小区任一人行出入口,并可借助裙房等连通地铁站出入口	+1		
	花园变形缝 A_{53}	花园下结构楼盖设有变形缝	−1		以贯通变形缝计,每条扣减1分
保修保养 A_6	保修期限 A_{61}	承诺比最低保修期限翻一倍,但最长不超过设计使用年限	+1		最低保修期限指质量管理条例中的最小保修期限
		承诺按设计使用年限进行保修	+2		
	保修保障 A_{62}	已购买质量保险	+1		

7.2.3 单元评定

单元评定,指针对小区内某住宅单元楼进行评定,其指标体系包括单元布局 B_1、舒适性能 B_2、质量保证 B_3、噪声振动污染 B_4、外立面品质 B_5 等 5 大类,含 16 分项,共设 15 个加分指标和 19 个减分指标。如每层户数相对少的住宅单元加分,每层户数多的住宅单元减分;梯户比高的住宅单元加分,反之减分;通风采光好的住宅单元加分,反之减分;交通路线便捷通畅的住宅单元加分,反之减分;大堂面积装修档次优、辅助设施可靠度高、通病防治措施充分的住宅单元加分,反之减分等。其具体评价指标及详细说明见表 7.2。

表 7.2 单元评定(B)

评定分类	分项	评定指标	分值	评分	备注
单元布局 B_1	每层户数 B_{11}	$B_{11} \leq 5$	+1		建筑面积小于等于 40 m^2 户型数可乘以 0.5 以后参与计算(按交通单元计算)
		$5 < B_{11} \leq 6$	0		
		$6 < B_{11} \leq 7$	−1		
		$7 < B_{11} \leq 8$	−2		
		$8 < B_{11} \leq 10$	−3		
		$B_{11} > 10$	−4		
	梯户比 B_{12}	$B_{12} \geq 1/60$	+2		建筑面积小于等于 40 m^2 户型数可乘以 0.5 以后参与计算(单元内设有公共住房时,不应小于 1/100,建筑面积小于等于 40 m^2 户型数占比超过 50% 时,可小于 1/100 但不应小于 1/120)
		$1/80 \leq B_{12} < 1/60$	+1		
		$1/100 \leq B_{12} < 1/80$	0		
		$1/120 \leq B_{12} < 1/100$	−2		
		$B_{12} < 1/120$	−3		
	自然通风 B_{13}	电梯厅自然通风开口面积不小于地面面积的 10%(仅对住宅标准层)	+1		采用消防联动的常开式防火门连通的电梯厅和过道可合并计算,分别得分
		公共过道自然通风开口面积不小于地面面积的 10%(仅对住宅标准层)	+1		
		无法自然通风的电梯厅也未设置空调(仅对住宅标准层)	−1		
	结构转换率 B_{14}	5% ≤ 竖向结构转换率 < 30%	+1		此条意在鼓励适当进行结构转换以改善关键部位的建筑空间布局;竖向结构转换率指被框支柱代替的剪力墙截面与转换前全部剪力墙截面的比值
		竖向结构转换率 ≥ 30%	+2		

续表

评定分类	分项	评定指标	分值	评分	备注
舒适性能 B_2	电梯轿厢 B_{21}	载重<1000 kg	-1		发现一台及以上轿厢符合此条即扣此分
		载重≥1200 kg	+1		单元轿厢全部满足此条才可得分
		每个轿厢均设置空调	+1		
	入户大堂 B_{22}	至少设有一处主入户大堂，且使用面积≥30 m²，重点装修并设有空调	+1		
		其他入户大堂使用面积≥20 m²，装修并设有空调	+1		人流较多的地下室、地面层等均需设置（仅有主入户大堂的不重复得分）
	过道 B_{23}	过道长宽比>4	-1		按每直线段计算，可扣除开敞和开窗范围内的过道长度，且影响户数占比>30%时扣分
		主要过道上设有超过1步的台阶	-1		影响户数占比>30%时扣分
		过道起点和终点之间设有超过3处的转折或门洞	-1		影响户数占比>30%时扣分
		主要开敞式过道未采取有效防飘雨措施的	-1		影响户数占比>30%时扣分
	入口隐蔽 B_{24}	设在车库的电梯厅入口不朝向行车道方向，隐蔽难寻	-1		影响户数占比>30%时扣分
质量保证 B_3	全混凝土外墙 B_{31}	住宅标准层采用全混凝土外墙	+1		
	楼板厚度 B_{32}	住宅标准层楼板厚度不小于120 mm	+1		
	楼板配筋 B_{33}	住宅标准层楼板双层双向通长配筋，直径不小于8 mm，间距不大于150 mm	+1		

续表

评定分类	分项	评定指标	分值	评分	备注
质量保证 B_3	叠合板用量 B_{34}	混凝土预制叠合板使用量不超过每层建筑面积的20%,且每个居住空间不得超过1块	+1		此条在于鼓励多做能够提升质量和效率的预制构件,减少凑分行为
噪声、振动污染 B_4	交通噪声影响 B_{41}	因交通噪声影响将住宅单元划入4a类声环境功能区	−1		
		因交通噪声影响将住宅单元划入4b类声环境功能区	−2		
	成品烟道外挂 B_{42}	成品烟道外挂,未设结构构件支撑和围护	−1		一处以上即扣分
	设备机组外装 B_{43}	送排风、排烟动力设备、冷却塔等直接落地安装在住户正上方屋面、避难层楼面	−1		一处以上即扣分
		送排风、排烟动力设备、冷却塔等安装在小区花园、裙房屋面等公共区域又未做有效遮蔽措施,对该单元住户造成噪音或视线干扰的	−1		影响户数占比>30%时扣分
外立面 B_5	材质 B_{51}	采用普通外墙漆、瓷片	−1		"采用……"指使用量超过外墙装饰面积的60%
		采用真石漆	0		
		采用干挂大理石、陶板、铝板等	+1		

7.2.4 户型评定

户型评定,指针对特定户型进行的评定,其评定对象一般是某单元楼栋上下楼层位置相同的户型。其评定指标包括户型朝向 C_1、功能布局 C_2、舒适性能 C_3、通风空调 C_4、家电配置 C_5 等 5 大类,含 31 分项,其中 19 个加分项,14 个减分项。比如对南向和偏南朝向的户型给予加分,北向和偏北朝向的户型给予减分;层高小于 2.9 m 的户型减分,层高高于 3.0 m 的户型加分;无须通过入户门即可实现自然通风的户型加分,开窗面积小的户型减分等。同时对配置了中央空调、新风系统、智能设备、系统门窗、采用高标准的环保装修材料的户型给予一定加分,鼓励优化性能、提高品质。其具体评价指标及详细说明见表 7.3。

表 7.3 户型评定(C)

评定分类	分项	评定指标	分值	评分	备注
户型朝向 C_1	C_{11}	户型朝向在东偏南 45°与西偏南 45°范围内	+1		
	C_{12}	户型朝向在东偏北 45°与西偏北 45°范围内	-1		
功能布局 C_2	C_{21}	层高低于 2.9 m	-1		
	C_{22}	层高大于 3.0 m	+1		
	C_{23}	起居室、卧室、餐厅等主要功能空间长宽比大于 2	-1		每处扣 1 分
	C_{24}	厨房、卫生间未设可开启外窗	-1		每处扣 1 分;40 m^2 及以下户型此条不参评
	C_{25}	起居室、卧室外窗开向凹槽或天井	-1		每处扣 1 分
	C_{26}	交通面积≥使用面积的 1/20	-1		
	C_{27}	毛坯交付或简陋装修	-2		
	C_{28}	设 2 个及以上洗手间	+1		
	C_{29}	未设置阳台	-1		40 m^2 及以下户型此条不参评
	C_{210}	流线明显穿插、干扰	-1		

第7章 住宅工程性能品质评价

续表

评定分类	分项	评定指标	分值	评分	备注
舒适性能 C_3	C_{31}	起居室、卧室、餐厅均可实现户内自然通风	+1		"实现户内自然通风"指无须通过户门和单元公区通风口即可组织出《夏热冬暖地区居住建筑节能设计标准》中规定的"有效通风路径";通过凹槽的通风路径,凹槽开口朝向与路径另一端同向的,不算做有效通风路径
	C_{32}	户内自然通风路径两端开口朝向之间的夹角≥120°	+1		30%及以上居住空间满足此要求;通过凹槽的通风路径,以凹槽的开口朝向计算
			+2		60%及以上居住空间满足此要求;通过凹槽的通风路径,以凹槽的开口朝向计算
			+3		90%及以上居住空间满足此要求;通过凹槽的通风路径,以凹槽的开口朝向计算
	C_{33}	起居室、卧室通风开口面积小于房间地面面积的10%(其中单一朝向的套型外窗通风开口面积小于房间地面面积的12%)	−1		每处扣1分

续表

评定分类	分项	评定指标	分值	评分	备注
舒适性能 C_3	C_{34}	外窗采用单层玻璃,或单片厚度小于 6 mm 的中空玻璃	−1		包含卧室、起居室、厨房、卫生间等外窗,存在 1 处及以上即扣此分
	C_{35}	起居室、卧室外窗全部采用单片厚度不小于 8 mm 的中空玻璃	+1		如仍不能满足安全、节能、隔声等性能要求,此项不得分
	C_{36}	起居室、卧室外窗全部采用单片厚度不小于 6 mm 的中空加胶(三玻)玻璃,或三玻两腔的中空玻璃	+2		
	C_{37}	卧室紧邻电梯井道布置	−1		每处扣 1 分
	C_{38}	排水立管设置在室内	−1		存在 1 处及以上即扣此分;土建墙体围合的专有管井内的除外
	C_{39}	装修、家具材料环保性能全部达到 E_0 级	+1		
	C_{310}	采用木板、木胶板进行装修或装修打底的面积超过建筑面积的 20%	−1		
通风空调 C_4	C_{41}	居住空间配置多联机(中央)空调	+1		
	C_{42}	居住空间配置新风系统	+1		
	C_{43}	为所有空调室外机设置安装检修便捷通道	+1		
家电配置 C_5	C_{51}	入户门配置生物识别智能门锁	+1		
	C_{52}	所有洗手间均配置智能马桶	+1		
	C_{53}	配置可视对讲系统	+1		
	C_{54}	电气分支回路数≥10	+1		

续表

评定分类	分项	评定指标	分值	评分	备注
家电配置 C_5	C_{55}	除强电线路外,其他电气线路仅到入户电箱,通过无线网络连接终端	+1		
	C_{56}	配置厨房垃圾粉碎、脱水处理设备及相应升级给排水管道系统	+1		

7.2.5 施工评定

施工评定,指对项目建造施工过程进行的评定。项目在全市统一组织的大检查中被通报表扬、参加评优创优获奖等证明项目施工质量较好时,获得相应加分;项目被行业协会、主管部门、参建各方、社会监督检查发现质量问题和隐患,达到一定危害和社会影响,则相应扣分。例如当项目获得省、市优质结构、金牛奖、珠江杯、鲁班奖等,获得相应加分;在行业协会的自律检查、主管部门的抽查时,发现了质量隐患,或者被热心市民举报质量问题被证实时,则相应扣分。具体加减分如表7.4所示。

表7.4 施工评定(D)

评定分类	分项	评定指标	分值	评分	备注
获奖加分	D_{11}	获评"市优质结构奖"	+1		以获奖证书为准,最高不超过已获最高奖项的单项得分
	D_{12}	获评"省优质结构奖"	+2		
	D_{13}	获评"市优质工程金牛奖"	+2		
	D_{14}	获评"省优质工程奖"	+3		
	D_{15}	获评"国家级优质工程奖"	+4		
	D_{16}	获评"鲁班奖"	+5		
表扬加分	D_{21}	因质量实体和质量行为管理较好,被区级主管部门通报表扬	+1		以书面通报为准,一事被通报表扬多次的不重复加分
	D_{22}	因质量实体和质量行为管理较好,被市级主管部门通报表扬	+2		

续表

评定分类	分项	评定指标	分值	评分	备注
表扬加分	D_{23}	因质量实体和质量行为管理较好,被省级主管部门通报表扬	+3		以书面通报为准,一事被通报表扬多次的不重复加分
	D_{24}	因质量实体和质量行为管理较好,被部级主管部门通报表扬	+4		
检查扣分	D_{31}	因质量问题或质量行为被主管部门黄色警示	−1		
	D_{32}	因质量问题或质量行为被主管部门红色警示	−2		
	D_{33}	因质量问题或质量行为被省动态扣分(公司+个人)每满10分	−1		
	D_{34}	因质量问题或质量行为,被区级主管部门通报批评、挂牌(发函)督办	−1		
	D_{35}	因质量问题或质量行为,被市级主管部门通报批评、挂牌(发函)督办	−2		
	D_{36}	因质量问题或质量行为,被省级主管部门通报批评、挂牌(发函)督办	−3		
	D_{37}	因质量问题或质量行为,被部级主管部门通报批评、挂牌(发函)督办	−4		
	D_{38}	检查发现虚报自评得分,或因设计变更调低自评得分未及时公示、通报、备案的,双倍扣减得分	−4~−2		

续表

评定分类	分项	评定指标	分值	评分	备注
验收评估	D_{41}	主管部门委托的针对分户验收、竣工验收或交付核验的质量评估,抽查的渗漏水比例超过5%不足10%的,每次扣1分;超过10%不足20%,每次扣2分;以此类推,每超过10%多扣1分	$-1\sim$根据项目情况评分		
	D_{42}	验收首次不通过的	-1		

7.2.6 评定计算

将各分类、分项加减分求和,即可得出每分部的评定得分,再将各分部评定求和,得出项目综合评定总得分 P,即:

$$P = \sum A_{ij} + \sum B_{ij} + \sum C_{ij} + \sum D_{ij} + 60$$

综合评定得分 60 分起评,得分越高,代表项目的性能品质就越好;得分越低,代表项目的性能品质就越不能保证。如果综合评定得分高出 60 分,说明满足基本的规范要求,分数越高,项目的优点就越多;如果综合评定得分低于 60 分,说明项目可能存在违反规范标准的地方,或者存在较多的不合理之处,缺少值得加分的优点,在施工过程中可能存在质量管控不到位的情况。

7.3 新型住宅性能品质量化评定工作的实施

小区评定、单元评定、户型评定应在项目的设计阶段进行，首先由设计机构自评，根据自评结果指导设计提升优化的方向。当初步设计完成后，自评结果将呈现为"小区评定分＋单元评定分＋户型评定分"的形式，其中加分多少、扣分多少、加分点分布以及扣分点分布都将一目了然。根据项目既定目标，无论是想进一步提升品质还是优化成本，都可以根据评定结果找准发力点。主管部门进行方案审查时，可以根据设计的自评结果集中精力关注项目被扣分的短板，评估项目交付风险，从源头解决矛盾。

设计阶段的评定能够把关住宅的先天条件与产品定位，避免遗留"设计硬伤"，分数达标后方可允许办理工程规划许可证；而在施工过程中，应针对按图施工与建造质量进行评定，强化过程监管和各项监督。"全流程，齐发力"方可扭转当今住房建设领域"重强条，轻功能"的推脱思维、"重质量，轻性能"的落后思维，避免出现"虽合格，难交付"的尴尬局面。让"非强条，强执行"有了法律支撑，让"高标准、高品质"有了社会认可，让"先天不足，后天去补"有了发力方向。

通过量化评定，"好房子"将更加具体化，同时也便于实施差异化管理。依据评定规则，针对不同用途，我们可以设计建造不同等级的住房。例如，配套宿舍、租赁住房可以按照60～70分的标准进行建造，销售型保障房可以按照70～80分的标准进行建造，高级人才房、高端商品房可以按照80～90分的标准进行建造。商品房开发商可以自行选择建造标准，但应在设计文件中注明详细得分和扣分名目，并向社会公示，将销售价格与建造标准挂钩。统一供需双方、主管与市场之间对房子性能和品质的理解尺度，是解决目前住房领域主要矛盾的有效办法。

7.4 住宅项目性能品质评定举例

为了验证住宅项目性能品质评定方法的合理性,并让读者进一步熟悉评定规则和程序,本节详细给出了典型住宅项目的评定计算过程,供大家参考。

7.4.1 项目 A

(1)项目概况。

项目 A 位于深圳福田,总用地面积 42037.02 m^2,总建筑面积 411929 m^2,设 3 层全埋式地下室,3 层裙房及 5 座塔楼,塔楼层数为 48~53 层,总高度为 156~170 m,另建有 1 栋 4 层幼儿园。该项目共设计建造住房 3540 套,其中 38 m^2 一房户型 940 套,69 m^2 两房户型 1884 套,89 m^2 三房户型 716 套(图 7.1)。

 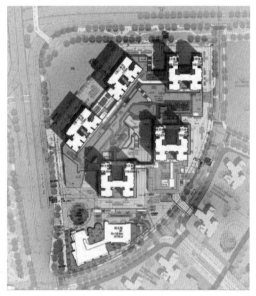

图 7.1 项目 A

该项目地下室主要设置有人防工程、车库、设备房等;裙房一层、二层设置有配套商业、公交站、社区服务中心、文体中心和老年照料中心;裙房三层设置有小区花园、活动室、物业管理用房、架空绿化及四个住宅单元的入户大堂。

(2) 小区评定。

该项目位于市中心区,周边交通方便,配套齐全,自建约 20000 m² 商业,相邻地块规划有九年一贯制学校。周边以居住、商业为主,处于 2 类声环境功能区,区位优势明显。

针对整个小区的宜居性能评定详见表 7.5。

表 7.5 小区评定(A)

评定分类	分项	评定指标	分值	评分	备注
用地规划 A_1	用地面积 A_{11}/(万 m²)	$A_{11}<1$	-2		一般以宗地面积计算,如成片开发的,可合并计算
		$1 \leqslant A_{11}<2$	-1		
		$2 \leqslant A_{11}<3$	0		
		$3 \leqslant A_{11}<4$	$+1$		
		$A_{11} \geqslant 4$	$+2$	$+2$	
	容积率 A_{12}	$A_{12}<4$	$+1$		以规定容积率计算
		$4 \leqslant A_{12}<5$	0		
		$5 \leqslant A_{12}<6$	-1		
		$A_{12} \geqslant 6$	-2	-2	
	建筑覆盖率 A_{13}	一级覆盖率>50%	-1	-1	
		二级覆盖率>30%	-1		
	绿化覆盖率 A_{14}	$A_{14}<30\%$	-1		
		$30\% \leqslant A_{14}<40\%$	0	0	
		$A_{14} \geqslant 40\%$	$+1$		
配套设施 A_2	地铁交通 A_{21}	500 m 范围内设有地铁站	$+1$	$+1$	已开工建设的也可得分
	教育设施 A_{22}	500 m 范围内设有幼儿园	$+1$	$+1$	
		500 m 范围内设有小学	$+1$	$+1$	
		1000 m 范围内设有初级中学	$+1$	$+1$	
	儿童活动场地 A_{23}	小区内配置面积不小于 300 m² 的儿童活动场地及相应设施	$+1$	$+1$	
	老年照料设施 A_{24}	500 m 范围内设有老年照料中心	$+1$	$+1$	

续表

评定分类	分项	评定指标	分值	评分	备注
配套设施 A_2	公园休闲 A_{25}	500 m 范围内设有面积超过 1 万 m^2 的公园,或 1000 m 范围内设有面积超过 2 万 m^2 的公园	+1	+1	多个公园的面积可累加计算,已开工的可计入
	商业配套 A_{26}	用地范围内配建面积超过 1 万 m^2 的商业或 500 m 范围内有面积超过 2 万 m^2 的商业	+1	+1	成片开发的,可计入配建范围
	车位配比 A_{27}	机动车位与户数比值 >1.0	+1		建筑面积小于等于 40 m^2 户型数可乘以 0.3 以后参与配比计算;地下车库连通的,也可按连通全区域计算配比;商业车位乘以 0.5 以后可参与配比计算;机械车位乘以 0.7 以后参与计算
		0.5<机动车位与户数比值≤1.0	0	0	
		机动车位与户数比值≤0.5	−1		
声环境 A_3	声环境功能区 A_{31}	1 类	+1		依据《深圳市声环境功能区划分》,此处以用地所在功能区为准;因交通影响小区局部功能区分类调整的,详见各栋评定打分
		2 类	0	0	
		3 类	−1		
绿色建筑 A_4	绿色建筑评级 A_{41}	基本级	−1		
		一星级	0		
		二星级	+1	+1	
		三星级	+2		

续表

评定分类	分项	评定指标	分值	评分	备注
规划设计 A_5	小区人行主入口 A_{51}	小区花园主要地面标高高出市政道路接驳处 0.3～1.2 m,且可无障碍通行	+1		此条同时用于鼓励建设全埋式地下室
		小区花园主要地面标高高出市政道路接驳处 3 m 以上,且未设电梯,或设置电梯数量明显不足的	-2		未设置无障碍电梯的等同于电梯数量明显不足
		小区及幼儿园人行主入口、花园内人车分流	+1	+1	消防车道除外
		入口处设有小区会客厅或大堂,每处面积≥30 m²,并设有足够专有电梯直达架空花园	+1	+2	每处+1分,最多+2分。各栋独享的大堂不算
	风雨连廊 A_{52}	小区设有环形风雨连廊,可连通每栋住宅楼电梯厅及小区任一人行出入口,总长度≥300 m	+1		
		小区设有风雨连廊,可连通每栋住宅楼电梯厅及小区任一人行出入口,并可借助裙房等连通地铁站出入口	+1		
	花园变形缝 A_{53}	花园下结构楼盖设有变形缝	-1		以贯通变形缝计,每条扣减 1 分
保修保养 A_6	保修期限 A_{61}	承诺比最低保修期限翻一倍,但最长不超过设计使用年限	+1		最低保修期限指质量管理条例中的最小保修期限
		承诺按设计使用年限进行保修	+2		
	保修保障 A_{62}	已购买质量保险	+1		
合计				+11	

第7章 住宅工程性能品质评价

从表7.5中可知,该小区凭借其用地面积较大、配套设施齐全、绿色建筑评级高、人车分流、设置有品质提升型会客厅等优势获加分14分;因容积率、覆盖率较高被扣减3分;绿化覆盖率、停车位配比、声环境等指标适中,未因此扣分;小区花园设在裙房屋面,按多塔结构设计,连片裙房未设变形缝,有效避免了渗漏隐患和使用不便等问题,未因此扣分;小区利用裙房而具备设置风雨连廊的条件,但因未能连通所有楼栋,故未获加分。综上所述,小区评定得分为+11分。

(3)单元评定。

该项目共设计有5栋超高层住宅塔楼,含8个单元,其中一、二单元共53层,户型以1～2房小户型为主,三～八单元共48层,户型以2～3房户型为主。单元评定选择以一单元和七单元作为代表。一单元平面图如图7.2所示。

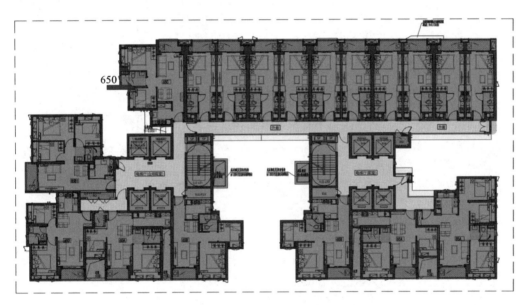

图7.2 一单元平面图

单元评定结果详见表7.6。

表7.6 单元评定(B)

评定分类	分项	评定指标	分值	评分(一单元)	评分(七单元)	备注
单元布局 B_1	每层户数 B_{11}	$B_{11} \leqslant 5$	+1		+1	建筑面积小于等于40 m² 户型数可乘以0.5以后参与计算(按交通单元计算)
		$5 < B_{11} \leqslant 6$	0			
		$6 < B_{11} \leqslant 7$	-1	-1		
		$7 < B_{11} \leqslant 8$	-2			

续表

评定分类	分项	评定指标	分值	评分(一单元)	评分(七单元)	备注
单元布局 B_1	每层户数 B_{11}	$8<B_{11}\leqslant10$	-3			
		$B_{11}>10$	-4			
	梯户比 B_{12}	$B_{12}\geqslant1/60$	$+2$			建筑面积小于等于 40 m² 户型数可乘以 0.5 以后参与计算。(单元内设有公共住房时,不应小于 1/100,建筑面积小于等于 40 m² 户型数占比超过 50% 时,可小于 1/100 但不应小于 1/120)
		$1/80\leqslant B_{12}<1/60$	$+1$	$+1$	$+1$	
		$1/100\leqslant B_{12}<1/80$	0			
		$1/120\leqslant B_{12}<1/100$	-2			
		$B_{12}<1/120$	-3			
	自然通风 B_{13}	电梯厅自然通风开口面积不小于地面面积的 10%(仅对住宅标准层)	$+1$	$+1$	$+1$	采用消防联动的常开式防火门连通的电梯厅和过道可合并计算,分别得分
		公共过道自然通风开口面积不小于地面面积的 10%(仅对住宅标准层)	$+1$	$+1$	$+1$	
		无法自然通风的电梯厅也未设置空调(仅对住宅标准层)	-1			
	结构转换率 B_{14}	$5\%<$ 竖向结构转换率 $<30\%$	$+1$	$+1$		此条意在鼓励适当进行结构转换以改善关键部位的建筑空间布局;竖向结构转换率指被框支柱代替的剪力墙截面与转换前全部剪力墙截面的比值
		竖向结构转换率 $\geqslant30\%$	$+2$		$+2$	

续表

评定分类	分项	评定指标	分值	评分(一单元)	评分(七单元)	备注
舒适性能 B_2	电梯轿厢 B_{21}	载重<1000 kg	−1			发现一台及以上轿厢符合此条即扣此分
		载重≥1200 kg	+1			单元轿厢全部满足此条才可得分
		每个轿厢均设置空调	+1	+1	+1	
	入户大堂 B_{22}	至少设有一处主入户大堂,且使用面积≥30 m^2,重点装修并设有空调	+1		+1	
		其他入户大堂使用面积≥20 m^2,装修并设有空调	+1	+1		人流较多的地下室、地面层等均需设置(仅有主入户大堂的不重复得分)
	过道 B_{23}	过道长宽比>4	−1	−1	−1	按每直线段计算,可扣除开敞和开窗范围内的过道长度,且影响户数占比>30%时扣分
		主要过道上设有超过1步的台阶	−1			影响户数占比>30%时扣分
		过道起点和终点之间设有超过3处的转折或门洞	−1		−1	影响户数占比>30%时扣分
		主要开敞式过道未采取有效防飘雨措施的	−1			影响户数占比>30%时扣分
	入口隐蔽 B_{24}	设在车库的电梯厅入口不朝向行车道方向,隐蔽难寻	−1			影响户数占比>30%时扣分
质量保证 B_3	全混凝土外墙 B_{31}	住宅标准层采用全混凝土外墙	+1	+1	+1	
	楼板厚度 B_{32}	住宅标准层楼板厚度不小于120 mm	+1	+1	+1	

续表

评定分类	分项	评定指标	分值	评分(一单元)	评分(七单元)	备注
质量保证 B_3	楼板配筋 B_{33}	住宅标准层楼板双层双向通长配筋,直径不小于8 mm,间距不大于150 mm	+1	+1	+1	
	叠合板用量 B_{34}	混凝土预制叠合板使用量不超过每层建筑面积的20%,且每个居住空间不得超过1块	+1			此条在于鼓励多做能够提升质量和效率的预制构件,减少凑分行为
噪声、振动污染 B_4	交通噪声影响 B_{41}	因交通噪声影响将住宅单元划入4a类声环境功能区	−1	−1		
		因交通噪声影响将住宅单元划入4b类声环境功能区	−2			
	成品烟道外挂 B_{42}	成品烟道外挂,未设结构构件支撑和围护	−1	−1	−1	一处以上即扣分
	设备机组外装 B_{43}	送排风、排烟动力设备、冷却塔等直接落地安装在住户正上方屋面、避难层楼面	−1			一处以上即扣分
		送排风、排烟动力设备、冷却塔等安装在小区花园、裙房屋面等公共区域又未做有效遮蔽措施,对该单元住户造成噪音或视线干扰的	−1			影响户数占比>30%时扣分
外立面 B_5	材质 B_{51}	采用普通外墙漆、瓷片	−1			"采用……"指使用量超过外墙装饰面积的60%
		采用真石漆	0			
		采用干挂大理石、陶板、铝板等	+1			
合计				+5	+8	

一单元因梯户比合理、自然通风良好、设有一处入户大堂、轿厢设有空调等原因,获加 5 分;结构上设有局部转换和防治通病的措施,获加 4 分;因其存在每层户数较多、过道狭长、受主干道噪声影响、成品烟道外挂等问题,被扣减 4 分;一单元评定合计得分＋5 分。

七单元因每层户数较少、梯户比合理、自然通风良好、设有一处入户大堂,轿厢设有空调等原因,获加 6 分;结构上设有较多用于转换和防治通病的措施,获加 5 分;因其存在过道狭长且转折过多、成品烟道外挂等问题,被扣减 3 分;七单元评定合计得分＋8 分。

从单元评定结果来看,这两个单元在电梯前室采用了消防联动的防火门和外窗,实现了自然通风,既提高了居住舒适性,又满足了消防设施防火防烟的要求,有效解决了超高层小户型消防设计与自然通风之间的矛盾,该做法值得推广。

(4)户型评定。

分别选取一单元 65C 户型(图 7.3)和七单元 85C 户型(图 7.4)进行户型评定,评定过程详见表 7.7。

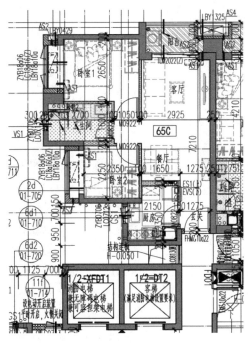

图 7.3　65C 户型

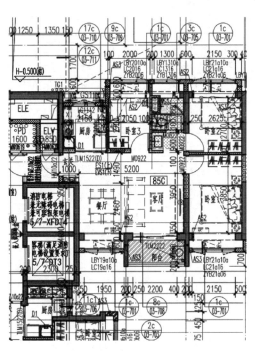

图 7.4　85C 户型

表 7.7 户型评定(C)

评定分类	分项	评定指标	分值	评分(65C户型)	评分(85C户型)	备注
户型朝向 C_1	C_{11}	户型朝向在东偏南 45°与西偏南 45°范围内	+1		+1	
	C_{12}	户型朝向在东偏北 45°与西偏北 45°范围内	−1	−1		
功能布局 C_2	C_{21}	层高低于 2.9 m	−1			
	C_{22}	层高大于 3.0 m	+1			
	C_{23}	起居室、卧室、餐厅等主要功能空间长宽比大于 2	−1			每处扣 1 分
	C_{24}	厨房、卫生间未设可开启外窗	−1			每处扣 1 分;40 m² 及以下户型此条不参评
	C_{25}	起居室、卧室外窗开向凹槽或天井	−1			每处扣 1 分
	C_{26}	交通面积≥使用面积的 1/20	−1			
	C_{27}	毛坯交付或简陋装修	−2			
	C_{28}	设 2 个及以上洗手间	+1			
	C_{29}	未设置阳台	−1			40 m² 及以下户型此条不参评
	C_{210}	流线明显穿插、干扰	−1			
舒适性能 C_3	C_{31}	起居室、卧室、餐厅均可实现户内自然通风	+1	+1	+1	"实现户内自然通风"指无须通过户门和单元公区通风口即可组织出《夏热冬暖地区居住建筑节能设计标准》中规定的"有效通风路径";通过凹槽的通风路径,凹槽开口朝向与路径另一端同向的,不算做有效通风路径

续表

评定分类	分项	评定指标	分值	评分（65C户型）	评分（85C户型）	备注
舒适性能 C_3	C_{32}	户内自然通风路径两端开口朝向之间的夹角≥120°	+1		+1	30%及以上居住空间满足此要求；通过凹槽的通风路径，以凹槽的开口朝向计算
			+2			60%及以上居住空间满足此要求；通过凹槽的通风路径，以凹槽的开口朝向计算
			+3		+3	90%及以上居住空间满足此要求；通过凹槽的通风路径，以凹槽的开口朝向计算
	C_{33}	起居室、卧室通风开口面积小于房间地面面积的10%（其中单一朝向的套型外窗通风开口面积小于房间地面面积的12%）	−1			每处扣1分
	C_{34}	外窗采用单层玻璃，或单片厚度小于6 mm的中空玻璃	−1			包含卧室、起居室、厨房、卫生间等外窗，存在1处及以上即扣此分
	C_{35}	起居室、卧室外窗全部采用单片厚度不小于8 mm的中空玻璃	+1			如仍不能满足安全、节能、或隔声等性能要求的，此项不得分
	C_{36}	起居室、卧室外窗全部采用单片厚度不小于6 mm的中空加胶（三玻）玻璃，或三玻两腔的中空玻璃	+2			

续表

评定分类	分项	评定指标	分值	评分（65C户型）	评分（85C户型）	备注
舒适性能 C_3	C_{37}	卧室紧邻电梯井道布置	−1			每处扣1分
	C_{38}	排水立管设置在室内	−1			存在1处及以上即扣此分；土建墙体围合的专有管井内的除外
	C_{39}	装修、家具材料环保性能全部达到 E_0 级	+1			
	C_{310}	采用木板、木胶板进行装修或装修打底的面积超过建筑面积的20%	−1			
通风空调 C_4	C_{41}	居住空间配置多联机（中央）空调	+1			
	C_{42}	居住空间配置新风系统	+1			
	C_{43}	为所有空调室外机设置安装检修便捷通道	+1			
家电配置 C_5	C_{51}	入户门配置生物识别智能门锁	+1			
	C_{52}	所有洗手间均配置智能马桶	+1			
	C_{53}	配置可视对讲系统	+1			
	C_{54}	电气分支回路数≥10	+1			
	C_{55}	除强电线路外，其他电气线路仅到入户电箱，通过无线网络连接终端	+1			
	C_{56}	配置厨房垃圾粉碎、脱水处理设备及相应升级给排水管道系统	+1			
合计				0	+6	

从表7.7可知，这两个户型在设计上均无明显缺陷，都可实现户内自然通风，各获加1分；但一单元的65C户型为西北朝向，扣减1分，七单元的85C户型为东南朝向，且通透性更好，获加5分。最终一单元65C的户型评定得分为0分，七单

元 85C 的户型评定为+6 分。

(5) 施工评定。

因本书写作时,该项目刚刚开工,故暂时无法进行施工评定。

(6) 综合评定结果。

经综合以上各分项评定结果,一单元的 65C 户型最终评定得分为 76 分,七单元的 85C 户型最终评定得分为 85 分,评定结果详见表 7.8。

表 7.8 项目 A 综合评定结果

户型	一单元 65C 户型	七单元 85C 户型
评定遵规基础分	60	60
小区评定得分	+11	+11
单元评定得分	+5	+8
施工评定得分	—	—
户型评定得分	0	+6
综合评定得分	76	85

(7) 提升建议

经综合评定,该项目从小区、单元到户型,未见明显的设计缺陷或不合理之处,因此扣分较少,扣分项主要集中在其塔楼入户通道较为狭长和成品烟道外挂未同步采取结构支撑这两个方面。尽管该项目通过利用裙房而具备设置风雨连廊的条件,但其风雨连廊未能连通所有楼栋,最终未获加分。项目在外墙、室内装修、智能家居配置、外窗玻璃规格、地下室大堂设置、保修保养等方面还有提高品质获得加分的机会。如果继续努力,两个户型的评分也许均可以在 80 分之上,甚至可以超过 85 分,达到优秀等级。

有几项虽未纳入评价指标,但也对这个小区居住体验有一定影响,比如:小区南侧会客厅电梯开门方向未面向大堂,小区居民进出电梯需要绕行,且大堂的通道宽度在人流集中时会略显不足(图 7.5);小区的三层和四层都设有花园,两层的高差为 5.2 m,采用室外楼梯和长坡道进行连接,这种做法虽然有一定创意,但实用价值不高;配套裙房虽只有三层,但楼层很高,仅在老年照料中心配置了一部电梯,其他区域均未配置电梯;二层商业的两部扶梯都设置在南侧,且两者距离较近,不利于北侧大片区域的通行。

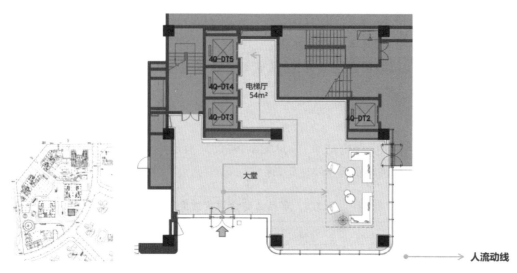

图 7.5 南侧会客厅及其电梯分布

7.4.2 项目 B

(1)项目概况。

项目 B 位于龙岗区平湖街道,用地面积为 11967.12 m²,总建筑面积为 106000 m²,设 3 层地下室、1 层裙房,2 栋塔楼共 4 个住宅单元,其中一、二单元共 46 层,三、四单元共 32 层,另建有 1 栋幼儿园(图 7.6)。

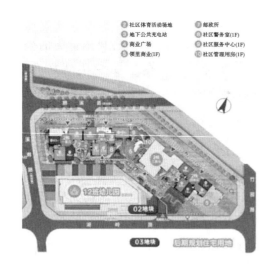

图 7.6 项目 B

(2) 小区评定

项目属于连片开发的其中一部分,整个片区共分3个地块,其中01地块是集商业、办公、住宅于一体的城市综合体,02、03地块为住宅,该项目位于02地块。针对整个小区的评定详见表7.9。

表 7.9 小区评定(A)

评定分类	分项	评定指标	分值	评分	备注
用地规划 A_1	用地面积 A_{11}/(万 m²)	$A_{11}<1$	−2		一般以宗地面积计算,如成片开发的,可合并计算
		$1\leqslant A_{11}<2$	−1	−1	
		$2\leqslant A_{11}<3$	0		
		$3\leqslant A_{11}<4$	+1		
		$A_{11}\geqslant 4$	+2		
	容积率 A_{12}	$A_{12}<4$	+1		以规定容积率计算
		$4\leqslant A_{12}<5$	0		
		$5\leqslant A_{12}<6$	−1	−1	
		$A_{12}\geqslant 6$	−2		
	建筑覆盖率 A_{13}	一级覆盖率>50%	−1		
		二级覆盖率>30%	−1		
	绿化覆盖率 A_{14}	$A_{14}<30\%$	−1		
		$30\%\leqslant A_{14}<40\%$	0		
		$A_{14}\geqslant 40\%$	+1	+1	
配套设施 A_2	地铁交通 A_{21}	500 m 范围内设有地铁站	+1		已开工建设的也可得分
	教育设施 A_{22}	500 m 范围内设有幼儿园	+1	+1	
		500 m 范围内设有小学	+1	+1	
		1000 m 范围内设有初级中学	+1	+1	
	儿童活动场地 A_{23}	小区内配置面积不小于 300 m² 的儿童活动场地及相应设施	+1	+1	
	老年照料设施 A_{24}	500 m 范围内设有老年照料中心	+1		

续表

评定分类	分项	评定指标	分值	评分	备注
配套设施 A_2	公园休闲 A_{25}	500 m 范围内设有面积超过 1 万 m^2 的公园,或 1000 m 范围内设有面积超过 2 万 m^2 的公园	+1	+1	多个公园的面积可累加计算,已开工的可计入
	商业配套 A_{26}	用地范围内配建面积超过 1 万 m^2 商业或 500 m 范围内设有超过 2 万 m^2 的商业	+1	+1	成片开发的,可计入配建范围
	车位配比 A_{27}	机动车位与户数比值>1.0	+1		建筑面积小于等于 40 m^2 户型数可乘以 0.3 以后参与配比计算;地下车库连通的,也可按连通全区域计算配比;商业车位乘以 0.5 以后可参与配比计算;机械车位乘以 0.7 以后参与计算。
		0.5<机动车位与户数比值≤1.0	0	0	
		机动车位与户数比值≤0.5	-1		
声环境 A_3	声环境功能区 A_{31}	1 类	+1		依据市生态环境局印发的《深圳市声环境功能区划分》,此处以用地所在功能区为准;因交通影响小区局部功能区分类调整的,详见各栋评定打分
		2 类	0		
		3 类	-1	-1	
绿色建筑 A_4	绿色建筑评级 A_{41}	基本级	-1		
		一星级	0		
		二星级	+1	+1	
		三星级	+2		

续表

评定分类	分项	评定指标	分值	评分	备注
规划设计 A_5	小区人行主入口 A_{51}	小区花园主要地面标高高出市政道路接驳处0.3~1.2 m,且可无障碍通行	+1		此条同时用于鼓励建设全埋式地下室
		小区花园主要地面标高高出市政道路接驳处3 m以上,且未设电梯,或设置电梯数量明显不足的	-2		未设置无障碍电梯的等同于电梯数量明显不足
		小区及幼儿园人行主入口、花园内人车分流	+1	+1	消防车道除外
		入口处设有小区会客厅或大堂,每处面积≥30 m²,并设有足够专有电梯直达架空花园	+1		每处+1分,最多+2分;各栋独享的大堂不算
	风雨连廊 A_{52}	小区设有环形风雨连廊,可连通每栋住宅楼电梯厅及小区任一人行出入口,总长度≥300 m	+1		
		小区设有风雨连廊,可连通每栋住宅楼电梯厅及小区任一人行出入口,并可借助裙房等连通地铁站出入口	+1		
	花园变形缝 A_{53}	花园下结构楼盖设有变形缝	-1	-3	以贯通变形缝计,每条扣减1分
保修保养 A_6	保修期限 A_{61}	承诺比最低保修期限翻一倍,但最长不超过设计使用年限	+1		最低保修期限指质量管理条例中的最小保修期限
		承诺按设计使用年限进行保修	+2		
	保修保障 A_{62}	已购买质量保险	+1		

续表

评定分类	分项	评定指标	分值	评分	备注
合计				+3	

从小区评定表中可见,该项目因绿化覆盖率较高、配套设施齐全(周边学校、商业、公园均已开工)、绿色建筑评级较高、人车分流等优势共获加分9分;因用地面积少、容积率高、花园设有变形缝(图7.7)等因素共被扣减5分,又因处于3类声环境功能区再被扣减1分。该小区评定实际评分为+3分。

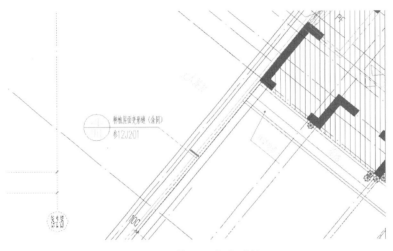

图 7.7 花园设有变形缝

(3)单元评定

选择一单元和三单元进行单元评定,详见表7.10。

表 7.10 单元评定(B)

评定分类	分项	评定指标	分值	评分(一单元)	评分(三单元)	备注
单元布局 B_1	每层户数 B_{11}	$B_{11} \leqslant 5$	+1	+1		建筑面积小于等于 40 m^2 户型数可乘以 0.5 以后参与计算(按交通单元计算)
		$5 < B_{11} \leqslant 6$	0			
		$6 < B_{11} \leqslant 7$	−1		−1	
		$7 < B_{11} \leqslant 8$	−2			
		$8 < B_{11} \leqslant 10$	−3			
		$B_{11} > 10$	−4			

续表

评定分类	分项	评定指标	分值	评分(一单元)	评分(三单元)	备注
单元布局 B_1	梯户比 B_{12}	$B_{12} \geqslant 1/60$	+2			建筑面积小于等于 40 m² 户型数可乘以 0.5 以后参与计算。（单元内设有公共住房时，不应小于 1/100，建筑面积小于等于 40 m² 户型数占比超过 50% 时，可小于 1/100 但不应小于 1/120）
		$1/80 \leqslant B_{12} < 1/60$	+1	+1		
		$1/100 \leqslant B_{12} < 1/80$	0			
		$1/120 \leqslant B_{12} < 1/100$	−2		−2	
		$B_{12} < 1/120$	−3			
	自然通风 B_{13}	电梯厅自然通风开口面积不小于地面面积的 10%（仅对住宅标准层）	+1		+1	采用消防联动的常开式防火门连通的电梯厅和过道可合并计算，分别得分
		公共过道自然通风开口面积不小于地面面积的 10%（仅对住宅标准层）	+1		+1	
		无法自然通风的电梯厅也未设置空调（仅对住宅标准层）	−1	−1		
	结构转换率 B_{14}	5% < 竖向结构转换率 < 30%	+1			此条意在鼓励适当进行结构转换以改善关键部位的建筑空间布局；竖向结构转换率指被框支柱代替的剪力墙截面与转换前全部剪力墙截面的比值
		竖向结构转换率 ≥ 30%	+2	+2		
舒适性能 B_2	电梯轿厢 B_{21}	载重 < 1000 kg	−1			发现一台及以上轿厢符合此条即扣此分
		载重 ≥ 1200 kg	+1			单元轿厢全部满足此条才可得分
		每个轿厢均设置空调	+1	+1	+1	

续表

评定分类	分项	评定指标	分值	评分(一单元)	评分(三单元)	备注
舒适性能 B_2	入户大堂 B_{22}	至少设有一处主入户大堂,且使用面积≥30 m^2,重点装修并设有空调	+1			
		其他入户大堂使用面积≥20 m^2,装修并设有空调	+1	+1		人流较多的地下室、地面层等均需设置(仅有主入户大堂的不重复得分)
	过道 B_{23}	过道长宽比>4	-1		-1	按每直线段计算,可扣除开敞和开窗范围内的过道长度,且影响户数占比>30%时扣分
		主要过道上设有超过1步的台阶	-1			影响户数占比>30%时扣分
		过道起点和终点之间设有超过3处的转折或门洞	-1			影响户数占比>30%时扣分
		主要开敞式过道未采取有效防飘雨措施的	-1			影响户数占比>30%时扣分
	入口隐蔽 B_{24}	设在车库的电梯厅入口不朝向行车道方向,隐蔽难寻	-1			影响户数占比>30%时扣分
质量保证 B_3	全混凝土外墙 B_{31}	住宅标准层采用全混凝土外墙	+1	+1	+1	
	楼板厚度 B_{32}	住宅标准层楼板厚度不小于120 mm	+1	+1	+1	
	楼板配筋 B_{33}	住宅标准层楼板双层双向通长配筋,直径不小于8 mm,间距不大于150 mm	+1	+1	+1	
	叠合板用量 B_{34}	混凝土预制叠合板使用量不超过每层建筑面积的20%,且每个居住空间不得超过1块	+1			此条在于鼓励多做能够提升质量和效率的预制构件,减少凑分行为

续表

评定分类	分项	评定指标	分值	评分(一单元)	评分(三单元)	备注
噪声、振动污染 B_4	交通噪声影响 B_{41}	因交通噪声影响将住宅单元划入4a类声环境功能区	−1			
		因交通噪声影响将住宅单元划入4b类声环境功能区	−2			
	成品烟道外挂 B_{42}	成品烟道外挂,未设结构构件支撑和围护	−1			一处以上即扣分
	设备机组外装 B_{43}	送排风、排烟动力设备、冷却塔等直接落地安装在住户正上方屋面、避难层楼面	−1	−1		一处以上即扣分
		送排风、排烟动力设备、冷却塔等安装在小区花园、裙房屋面等公共区域又未做有效遮蔽措施,对该单元住户造成噪音或视线干扰的	−1			影响户数占比>30%时扣分
外立面 B_5	材质 B_{51}	采用普通外墙涂料	−1	−1	−1	"采用……"指使用量超过外墙装饰面积的60%
		采用真石漆	0			
		采用干挂大理石、陶板、铝板等	+1			
合计				+6	1	

一单元因每层户数较低、梯户比合理、一层设有入户大堂、结构转换率高、采用质量通病防治措施等因素,获加9分;因电梯厅不能自然通风也未设空调、商业油烟处理设备直接落地安装在住户屋面、外墙采用普通涂料等因素被扣减3分;一单元评定得分为+6分。

三单元因公共区域自然通风良好和采用质量通病防治措施等因素,获加6分;因每层户数较多、梯户比低于地方标准、过道狭长、外墙采用普通涂料等因素被扣减5分;三单元评定得分为+1分。

(4)户型评定。

选择一单元的C3户型和三单元的L2户型进行户型评定。C3户型为南偏东朝向,三房;L2户型为南偏西朝向,两房。户型评定情况详见表7.11。

表7.11 户型评定(C)

评定分类	分项	评定指标	分值	评分(C3)户型	评分(L2)户型	备注
户型朝向 C_1	C_{11}	户型朝向在东偏南45°与西偏南45°范围内	+1	+1	+1	
	C_{12}	户型朝向在东偏北45°与西偏北45°范围内	-1			
功能布局 C_2	C_{21}	层高低于2.9 m	-1			
	C_{22}	层高大于3.0 m	+1			
	C_{23}	起居室、卧室、餐厅等主要功能空间长宽比大于2	-1			每处扣1分
	C_{24}	厨房、卫生间未设可开启外窗	-1			每处扣1分;40 m²及以下户型此条不参评
	C_{25}	起居室、卧室外窗开向凹槽或天井	-1		-1	每处扣1分
	C_{26}	交通面积≥使用面积的1/20	-1			
	C_{27}	毛坯交付或简陋装修	-2			
	C_{28}	设2个及以上洗手间	+1			
	C_{29}	未设置阳台	-1			40 m²及以下户型此条不参评
	C_{210}	流线明显穿插、干扰	-1			

续表

评定分类	分项	评定指标	分值	评分(C3)户型	评分(L2)户型	备注
舒适性能 C_3	C_{31}	起居室、卧室、餐厅均可实现户内自然通风	+1	+1		"实现户内自然通风"指无须通过户门和单元公区通风口即可组织出《夏热冬暖地区居住建筑节能设计标准》中规定的"有效通风路径";通过凹槽的通风路径,凹槽开口朝向与路径另一端同向的,不算做有效通风路径
	C_{32}	户内自然通风路径两端开口朝向之间的夹角≥120°	+1			30%及以上居住空间满足此要求;通过凹槽的通风路径,以凹槽的开口朝向计算
			+2			60%及以上居住空间满足此要求;通过凹槽的通风路径,以凹槽的开口朝向计算
			+3			90%及以上居住空间满足此要求;通过凹槽的通风路径,以凹槽的开口朝向计算
	C_{33}	起居室、卧室通风开口面积小于房间地面面积的10%(其中单一朝向的套型外窗通风开口面积小于房间地面面积的12%)	−1			每处扣1分

续表

评定分类	分项	评定指标	分值	评分(C3)户型	评分(L2)户型	备注
舒适性能 C_3	C_{34}	外窗采用单层玻璃,或单片厚度小于 6 mm 的中空玻璃	−1			包含卧室、起居室、厨房、卫生间等外窗,存在 1 处及以上即扣此分
	C_{35}	起居室、卧室外窗全部采用单片厚度不小于 8 mm 的中空玻璃	+1			如仍不能满足安全、节能或隔声等性能要求,此项不得分
	C_{36}	起居室、卧室外窗全部采用单片厚度不小于 6 mm 的中空加胶(三玻)玻璃,或三玻两腔的中空玻璃	+2			
	C_{37}	卧室紧邻电梯井道布置	−1			每处扣 1 分
	C_{38}	排水立管设置在室内	−1			存在 1 处及以上即扣此分;土建墙体围合的专有管井内的除外
	C_{39}	装修、家具材料环保性能全部达到 E_0 级	+1			
	C_{310}	采用木板、木胶板进行装修或装修打底的面积超过建筑面积的 20%	−1			
通风空调 C_4	C_{41}	居住空间配置多联机(中央)空调	+1			
	C_{42}	居住空间配置新风系统	+1			
	C_{43}	为所有空调室外机设置安装检修便捷通道	+1			
家电配置 C_5	C_{51}	入户门配置生物识别智能门锁	+1			
	C_{52}	所有洗手间均配置智能马桶	+1			
	C_{53}	配置可视对讲系统	+1	+1	+1	

续表

评定分类	分项	评定指标	分值	评分(C3)户型	评分(L2)户型	备注
家电配置 C_5	C_{54}	电气分支回路数≥10	+1			
	C_{55}	除强电线路外,其他电气线路仅到入户电箱,通过无线网络连接终端	+1			
	C_{56}	配置厨房垃圾粉碎、脱水处理设备及相应升级给排水管道系统	+1			
合计				+3	+1	

从表 7.11 可知,C3 户型因朝向、通风和可视对讲上的优点共获得 3 个加分;L2 户型因朝向和可视对讲上的优点获得 2 个加分,但因有一间卧室外窗开向凹槽,被扣减 1 分。两个户型评定得分为+3 分和+1 分。

(5) 施工评定。

该项目在施工过程中因质量管控问题,被市级主管部门通报督办,扣减 2 分;在上级部门检查时发现其屋顶绿化未严格按图施工,虚报绿化覆盖率,双倍扣减,再扣减 2 分。

(6) 综合评定结果。

经综合以上各分项评定,一单元的 C3 户型最终评定得分为 68 分,三单元的 L2 户型最终评定得分为 61 分,评定结果详见表 7.12。

表 7.12　项目 B 综合评定结果

户型	一单元 C3 户型	三单元 L2 户型
评定遵规基础分	60	60
小区评定得分	+3	+3
单元评定得分	+6	+1
施工评定得分	−4	−4
户型评定得分	+3	+1
综合评定得分	68	61

从综合评定结果来看,该项目自然环境和客观条件一般,产品定位不高。此外,两个单元存在一定差距,一单元在各方面的要求和配置上要好于三单元。两个单元的施工环节对质量管控均有待加强。

7.4.3 项目C

(1) 项目概况。

项目C(图7.8)位于深圳罗湖梨园旧改片区,配有办公区、商业区、住宅、公寓、学校等。该项目用地面积5737.97 m²,总建筑面积46341.27 m²,地下室2层,主要功能为车库及设备用房,在地上首层及夹层设置有3000 m²的公交站。地上共1栋塔楼,为安居型商品房,分2个单元,共46层,首层为大堂,二层为架空绿化及物业管理用房,三层以上为住宅,共420套。住宅标准层层高为3 m,建筑总高度为147.35 m。

图7.8 项目C

(2) 小区评定。

项目位于市中心区的旧仓储区改造片区,周边交通方便,改造后配套齐全,商业发达,相邻地块学校已开学。但由于周边原来属于仓储工业用地,属于3类声环境功能区,小区用地存在劣势。但片区整体改造规划中,未来将设有空中步道相互连通各个区域,片区优势明显。对该项目分别从单独地块和整体片区两个角度进行小区评定,详见表7.13。

第7章 住宅工程性能品质评价

表 7.13 小区评定(A)

评定分类	分项	评定指标	分值	评分(单独地块)	评分(整体片区)	备注
用地规划 A_1	用地面积 A_{11} /(万 m^2)	$A_{11}<1$	−2	−2		一般以宗地面积计算,如成片开发的,可合并计算
		$1 \leqslant A_{11}<2$	−1			
		$2 \leqslant A_{11}<3$	0			
		$3 \leqslant A_{11}<4$	+1			
		$A_{11} \geqslant 4$	+2		+2	
	容积率 A_{12}	$A_{12}<4$	+1			以规定容积率计算
		$4 \leqslant A_{12}<5$	0		0	
		$5 \leqslant A_{12}<6$	−1			
		$A_{12} \geqslant 6$	−2	−2		
	建筑覆盖率 A_{13}	一级覆盖率>50%	−1	−1	−1	
		二级覆盖率>30%	−1			
	绿化覆盖率 A_{14}	$A_{14}<30\%$	−1	−1		
		$30\% \leqslant A_{14}<40\%$	0			
		$A_{14} \geqslant 40\%$	+1		+1	
配套设施 A_2	地铁交通 A_{21}	500 m 范围内设有地铁站	+1			已开工建设的也可得分
	教育设施 A_{22}	500 m 范围内设有幼儿园	+1			
		500 m 范围内设有小学	+1	+1	+1	
		1000 m 范围内设有初级中学	+1	+1	+1	
	儿童活动场地 A_{23}	小区内配置面积不小于 300 m^2 的儿童活动场地及相应设施	+1		+1	
	老年照料设施 A_{24}	500 m 范围内设有老年照料中心	+1			
	公园休闲 A_{25}	500 m 范围内设有面积超过 1 万 m^2 的公园,或 1000 m 范围内设有面积超过 2 万 m^2 的公园	+1	+1	+1	多个公园的面积可累加计算,已开工的可计入

续表

评定分类	分项	评定指标	分值	评分（单独地块）	评分（整体片区）	备注
配套设施 A_2	商业配套 A_{26}	用地范围内配建面积超过 1 万 m^2 的商业或 500 m 范围内设有面积超过 2 万 m^2 的商业	+1	+1	+1	成片开发的，可计入配建范围
	车位配比 A_{27}	机动车位与户数比值＞1.0	+1			建筑面积小于等于 40 m^2 户型数可乘以 0.3 以后参与配比计算；地下车库连通的，也可按连通全区域计算配比；商业车位乘以 0.5 以后可参与配比计算；机械车位乘以 0.7 以后参与计算
		0.5＜机动车位与户数比值≤1.0	0		0	
		机动车位与户数比值≤0.5	−1			
声环境 A_3	声环境功能区 A_{31}	1类	+1			依据市生态环境局印发的《深圳市声环境功能区划分》，此处以用地所在功能区为准。因交通影响小区局部功能区分类调整的，详见各栋评定打分
		2类	0			
		3类	−1	−1	−1	
绿色建筑 A_4	绿色建筑评级 A_{41}	基本级	−1			
		一星级	0			
		二星级	+1	+1	+1	
		三星级	+2			
规划设计 A_5	小区人行主入口 A_{51}	小区花园主要地面标高高出市政道路接驳处0.3～1.2米，且可无障碍通行	+1			此条同时用于鼓励建设全埋式地下室

续表

评定分类	分项	评定指标	分值	评分（单独地块）	评分（整体片区）	备注
规划设计 A_5	小区人行主入口 A_{51}	小区花园主要地面标高高出市政道路接驳处 3 m 以上，且未设电梯，或设置电梯数量明显不足的	-2			未设置无障碍电梯的等同于电梯数量明显不足
		小区及幼儿园人行主入口、花园内人车分流	$+1$			消防车道除外
		入口处设有小区会客厅或大堂，每处面积≥30 m²，并设有足够专有电梯直达架空花园	$+1$		$+1$	每处+1分，最多+2分；各栋独享的大堂不算
	风雨连廊 A_{52}	小区设有环形风雨连廊，可连通每栋住宅楼电梯厅及小区任一人行出入口，总长度≥300 m	$+1$		$+1$	
		小区设有风雨连廊，可连通每栋住宅楼电梯厅及小区任一人行出入口，并可借助裙房等连通地铁站出入口	$+1$			
	花园变形缝 A_{53}	花园下结构楼盖设有变形缝	-1			以贯通变形缝计，每条扣减1分
保修保养 A_6	保修期限 A_{61}	承诺比最低保修期限翻一倍，但最长不超过设计使用年限	$+1$			最低保修期限指质量管理条例中的最小保修期限
		承诺按设计使用年限进行保修	$+2$			
	保修保障 A_{62}	已购买质量保险	$+1$			
合计				-2	$+9$	

从表 7.13 可见，单独地块的小区评定与整体片区的小区评定结果差距较大。

单独地块的小区评定因占地面积、容积率、覆盖率、绿化率、声环境等因素上的劣势被扣减 7 分,周边配套和绿色建筑评级共加 5 分,小区评定分值为 －2 分。如果按整体片区进行小区评定,小区评定分值为＋9 分,仅这一项两者就相差 11 分。

（3）单元评定。

该项目共 1 栋超高层住宅塔楼,2 个单元差别不大,故选一单元进行评定,单元评定详见表 7.14。

表 7.14 单元评定(B)

评定分类	分项	评定指标	分值	评分	备注
单元布局 B_1	每层户数 B_{11}	$B_{11} \leqslant 5$	＋1	＋1	建筑面积小于等于 40 m² 户型数可乘以 0.5 以后参与计算（按交通单元计算）
		$5 < B_{11} \leqslant 6$	0		
		$6 < B_{11} \leqslant 7$	－1		
		$7 < B_{11} \leqslant 8$	－2		
		$8 < B_{11} \leqslant 10$	－3		
		$B_{11} \geqslant 10$	－4		
	梯户比 B_{12}	$B_{12} \geqslant 1/60$	＋2		建筑面积小于等于 40 m² 户型数可乘以 0.5 以后参与计算（单元内设有公共住房时,不应小于 1/100,建筑面积小于等于 40 m² 户型数占比超过 50% 时,可小于 1/100 但不应小于 1/120）
		$1/80 \leqslant B_{12} < 1/60$	＋1	＋1	
		$1/100 \leqslant B_{12} < 1/80$	0		
		$1/120 \leqslant B_{12} < 1/100$	－2		
		$B_{12} < 1/120$	－3		
	自然通风 B_{13}	电梯厅自然通风开口面积不小于地面面积的 10%（仅对住宅标准层）	＋1		采用消防联动的常开式防火门连通的电梯厅和过道可合并计算,分别得分
		公共过道自然通风开口面积不小于地面面积的 10%（仅对住宅标准层）	＋1		
		无法自然通风的电梯厅也未设置空调（仅对住宅标准层）	－1	－1	

续表

评定分类	分项	评定指标	分值	评分	备注
单元布局 B_1	结构转换率 B_{14}	5%＜竖向结构转换率＜30%	+1		此条意在鼓励适当进行结构转换以改善关键部位的建筑空间布局；竖向结构转换率指被框支柱代替的剪力墙截面与转换前全部剪力墙截面的比值
		竖向结构转换率≥30%	+2	+2	
舒适性能 B_2	电梯轿厢 B_{21}	载重＜1000 kg	−1		发现一台及以上轿厢符合此条即扣此分
		载重≥1200 kg	+1		单元轿厢全部满足此条才可得分
		每个轿厢均设置空调	+1	+1	
	入户大堂 B_{22}	至少设有一处主入户大堂，且使用面积≥30 m²，重点装修并设有空调	+1	+1	人流较多的地下室、地面层等均需设置（仅有主入户大堂的不重复得分）
		其他入户大堂使用面积≥20 m²，装修并设有空调	+1		
	过道 B_{23}	过道长宽比＞4	−1		按每直线段计算，可扣除开敞和开窗范围内的过道长度，且影响户数占比＞30%时扣分
		主要过道上设有超过1步的台阶	−1		影响户数占比＞30%时扣分
		过道起点和终点之间设有超过3处的转折或门洞	−1		影响户数占比＞30%时扣分
		主要开敞式过道未采取有效防飘雨措施的	−1		影响户数占比＞30%时扣分
	入口隐蔽 B_{24}	设在车库的电梯厅入口不朝向行车道方向，隐蔽难寻	−1		影响户数占比＞30%时扣分

续表

评定分类	分项	评定指标	分值	评分	备注
质量保证 B_3	全混凝土外墙 B_{31}	住宅标准层采用全混凝土外墙	+1	+1	
	楼板厚度 B_{32}	住宅标准层楼板厚度不小于 120 mm	+1	+1	
	楼板配筋 B_{33}	住宅标准层楼板双层双向通长配筋,直径不小于 8 mm,间距不大于 150 mm	+1	+1	
	叠合板用量 B_{34}	混凝土预制叠合板使用量不超过每层建筑面积的 20%,且每个居住空间不得超过 1 块	+1		此条在于鼓励多做能够提升质量和效率的预制构件,减少凑分行为
噪声、振动污染 B_4	交通噪声影响 B_{41}	因交通噪声影响将住宅单元划入 4a 类声环境功能区	−1		
		因交通噪声影响将住宅单元划入 4b 类声环境功能区	−2		
	成品烟道外挂 B_{42}	成品烟道外挂,未设结构构件支撑和围护	−1	−1	一处以上即扣分
	设备机组外装 B_{43}	送排风、排烟动力设备、冷却塔等直接落地安装在住户正上方屋面、避难层楼面	−1		一处以上即扣分
		送排风、排烟动力设备、冷却塔等安装在小区花园、裙房屋面等公共区域又未做有效遮蔽措施,对该单元住户造成噪音或视线干扰的	−1		影响户数占比>30%时扣分

第 7 章　住宅工程性能品质评价

续表

评定分类	分项	评定指标	分值	评分	备注
外立面 B_5	材质 B_{51}	采用普通外墙漆、瓷片	-1		"采用……"指使用量超过外墙装饰面积的60%
		采用真石漆	0		
		采用干挂大理石、陶板、铝板等	+1		
合计				+7	

该单元因每层户数较低、梯户比合理、电梯轿厢设有空调、一楼设有入户大堂、结构转换率较高、结构上设有防治通病的措施等因素，获加 9 分；因电梯厅和过道不能自然通风、成品烟道外挂等因素，共扣减 2 分。单元评定合计得分+7 分。

（4）户型评定。

选择一单元的 70-a 户型和 89-2 户型进行户型评定。70-a 户型为西南朝向，二房；89-2 户型为南偏东朝向，三房。户型评定结果详见表 7.15。

表 7.15　户型评定（C）

评定分类	分项	评定指标	分值	评分（70-a户型）	评分（89-2户型）	备注
户型朝向 C_1	C_{11}	户型朝向在东偏南 45°与西偏南 45°范围内	+1	+1	+1	
	C_{12}	户型朝向在东偏北 45°与西偏北 45°范围内	-1			
功能布局 C_2	C_{21}	层高低于 2.9 m	-1			
	C_{22}	层高大于 3.0 m	+1			
	C_{23}	起居室、卧室、餐厅等主要功能空间长宽比大于 2	-1			每处扣 1 分
	C_{24}	厨房、卫生间未设可开启外窗	-1			每处扣 1 分；40 m² 及以下户型此条不参评
	C_{25}	起居室、卧室外窗开向凹槽或天井	-1			每处扣 1 分
	C_{26}	交通面积≥使用面积的 1/20	-1			

续表

评定分类	分项	评定指标	分值	评分（70-a户型）	评分（89-2户型）	备注
功能布局 C_2	C_{27}	毛坯交付或简陋装修	−2			
	C_{28}	设2个及以上洗手间	+1			
	C_{29}	未设置阳台	−1			40 m^2及以下户型此条不参评
	C_{210}	流线明显穿插、干扰	−1			
舒适性能 C_3	C_{31}	起居室、卧室、餐厅均可实现户内自然通风	+1	+1	+1	"实现户内自然通风"指无须通过户门和单元公区通风口即可组织出《夏热冬暖地区居住建筑节能设计标准》中规定的"有效通风路径";通过凹槽的通风路径,凹槽开口朝向与路径另一端同向的,不算做有效通风路径
	C_{32}	户内自然通风路径两端开口朝向之间的夹角≥120°	+1			30%及以上居住空间满足此要求;通过凹槽的通风路径,以凹槽的开口朝向计算
			+2			60%及以上居住空间满足此要求;通过凹槽的通风路径,以凹槽的开口朝向计算
			+3		+3	90%及以上居住空间满足此要求;通过凹槽的通风路径,以凹槽的开口朝向计算

续表

评定分类	分项	评定指标	分值	评分(70-a户型)	评分(89-2户型)	备注
舒适性能 C_3	C_{33}	起居室、卧室通风开口面积小于房间地面面积的10%（其中单一朝向的套型外窗通风开口面积小于房间地面面积的12%）	−1			每处扣1分
	C_{34}	外窗采用单层玻璃，或单片厚度小于6 mm的中空玻璃	−1			包含卧室、起居室、厨房、卫生间等外窗，存在1处及以上即扣此分
	C_{35}	起居室、卧室外窗全部采用单片厚度不小于8 mm的中空玻璃	+1			如仍不能满足安全、节能、或隔声等性能要求，此项不得分
	C_{36}	起居室、卧室外窗全部采用单片厚度不小于6 mm的中空加胶（三玻）玻璃，或三玻两腔的中空玻璃	+2			
	C_{37}	卧室紧邻电梯井道布置	−1			每处扣1分
	C_{38}	排水立管设置在室内	−1			存在1处及以上即扣此分；土建墙体围合的专有管井内的除外
	C_{39}	装修、家具材料环保性能全部达到 E_0 级	+1			
	C_{310}	采用木板、木胶板进行装修或装修打底的面积超过建筑面积20%	−1			
通风空调 C_4	C_{41}	居住空间配置多联机（中央）空调	+1			
	C_{42}	居住空间配置新风系统	+1			
	C_{43}	为所有空调室外机设置安装检修便捷通道	+1			

续表

评定分类	分项	评定指标	分值	评分(70-a户型)	评分(89-2户型)	备注
家电配置 C_5	C_{51}	入户门配置生物识别智能门锁	+1			
	C_{52}	所有洗手间均配置智能马桶	+1			
	C_{53}	配置可视对讲系统	+1	+1	+1	
	C_{54}	电气分支回路数≥10	+1			
	C_{55}	除强电线路外,其他电气线路仅到入户电箱,通过无线网络连接终端	+1			
	C_{56}	配置厨房垃圾粉碎设备、脱水处理设备及相应升级给排水管道系统	+1			
合计				+3	+6	

从户型评定结果来看,两个户型都没有因设计不合理而扣分,均因朝向、通风和可视对讲上的优势获得 3 个加分,89-2 户型还因南北通透获得 3 个加分。两个户型评定得分分别为+3 分和+6 分。

(5)施工评定。

因目前尚未掌握项目施工评定加减分的相关数据,暂不进行施工评定。

(6)综合评定结果。

一单元的两个户型最终评定得分详见表 7.16。

表 7.16 项目 C 综合评定结果

户型	一单元 70-a 户型	一单元 89-2 户型
评定遵规基础分	60	60
小区评定得分(单独地块/整体片区)	-2/+9	-2/+9
单元评定得分	+7	+7
施工评定得分	—	—

续表

户型	一单元 70-a 户型	一单元 89-2 户型
户型评定得分	+3	+6
综合评定得分(单独地块/整体片区)	68/79	71/82

从综合评定结果来看,按整体片区还是独立地块对评定结果影响很大,几乎相差一个评定等级,这也如实反映了地块的客观条件及周边配套对居住环境的影响。对于这种整片区统一规划、统一设计、共享规划指标和配套资源,相邻地块之间采用人行天桥、廊桥、骑楼等互联互通的项目,可以按照整体片区进行小区评定。

7.4.4 项目 D

(1) 项目概况。

项目 D 位于深圳坪山,总用地面积约为 3.6 万 m^2,总建筑面积约 22.5 万 m^2,其中住宅 13.6 万 m^2,共设计建造住房 1642 套。项目由三块采用廊桥相连的地块共同组成,含地下室 2 层,地上建筑最高 36 层,配套建设一栋 3 层幼儿园和部分商业及社区用房(图 7.9)。

图 7.9 项目 D

(1) 小区评定。

该项目在坪山河畔,周边多为新建小区,交通便捷,成长性好。项目用地面积较大,容积率适中,紧邻大型商业中心,配套齐全。项目配建车位数超过小区总户数,并设有大堂和会客厅,整体按绿色建筑二星标准打造,其他设计也格外注重品质。经评定,小区评定得分为+9分,详见表7.17。

表7.17 小区评定(A)

评定分类	分项	评定指标	分值	评分	备注
用地规划 A_1	用地面积 $A_{11}/(万\ m^2)$	$A_{11}<1$	-2		一般以宗地面积计算,如成片开发的,可合并计算
		$1\leqslant A_{11}<2$	-1		
		$2\leqslant A_{11}<3$	0		
		$3\leqslant A_{11}<4$	$+1$	$+1$	
		$A_{11}\geqslant 4$	$+2$		
	容积率 A_{12}	$A_{12}<4$	$+1$		以规定容积率计算
		$4\leqslant A_{12}<5$	0	0	
		$5\leqslant A_{12}<6$	-1		
		$A_{12}\geqslant 6$	-2		
	建筑覆盖率 A_{13}	一级覆盖率>50%	-1		
		二级覆盖率>30%	-1		
	绿化覆盖率 A_{14}	$A_{14}<30\%$	-1		
		$30\%\leqslant A_{14}<40\%$	0	0	
		$A_{14}\geqslant 40\%$	$+1$		
配套设施 A_2	地铁交通 A_{21}	500 m范围内设有地铁站	$+1$		已开工建设的也可得分
	教育设施 A_{22}	500 m范围内设有幼儿园	$+1$	$+1$	
		500 m范围内设有小学	$+1$		
		1000 m范围内设有初级中学	$+1$		
	儿童活动场地 A_{23}	小区内配置面积不小于300 m^2的儿童活动场地及相应设施	$+1$	$+1$	
	老年照料设施 A_{24}	500米范围内设有老年照料中心	$+1$	$+1$	

续表

评定分类	分项	评定指标	分值	评分	备注
配套设施 A_2	公园休闲 A_{25}	500米范围内设有面积超过1万 m^2 的公园,或1000 m范围内设有面积超过2万 m^2 的公园	+1	+1	多个公园的面积可累加计算,已开工的可计入
	商业配套 A_{26}	用地范围内配建超过1万 m^2 商业或500 m范围内设有面积超过2万 m^2 的商业	+1	+1	成片开发的,可计入配建范围
	车位配比 A_{27}	机动车位与户数比值>1.0	+1	+1	建筑面积小于等于40 m^2 户型数可乘以0.3以后参与配比计算;地下车库连通的,也可按连通全区域计算配比;商业车位乘以0.5以后可参与配比计算;机械车位乘以0.7以后参与计算
		0.5<机动车位与户数比值≤1.0	0		
		机动车位与户数比值≤0.5	−1		
声环境 A_3	声环境功能区 A_{31}	1类	+1		依据《深圳市声环境功能区划分》,此处以用地所在功能区为准。因交通影响小区局部功能区分类调整的,详见各栋评定打分
		2类	0		
		3类	−1	−1	
绿色建筑 A_4	绿色建筑评级 A_{41}	基本级	−1		
		一星级	0		
		二星级	+1	+1	
		三星级	+2		

续表

评定分类	分项	评定指标	分值	评分	备注
规划设计 A_5	小区人行主入口 A_{51}	小区花园主要地面标高高出市政道路接驳处0.3~1.2 m之间,且可无障碍通行	+1		此条同时用于鼓励建设全埋式地下室
		小区花园主要地面标高高出市政道路接驳处3 m以上,且未设电梯,或设置电梯数量明显不足的	-2		未设置无障碍电梯的等同于电梯数量明显不足
		小区及幼儿园人行主入口、花园内人车分流	+1	+1	消防车道除外
		入口处设有小区会客厅或大堂,每处面积≥30 m²,并设有足够专有电梯直达架空花园	+1	+1	每处+1分,最多+2分;各栋独享的大堂不算
	风雨连廊 A_{52}	小区设有环形风雨连廊,可连通每栋住宅楼电梯厅及小区任一人行出入口,总长度≥300 m	+1		
		小区设有风雨连廊,可连通每栋住宅楼电梯厅及小区任一人行出入口,并可借助裙房等连通地铁站出入口	+1		
	花园变形缝 A_{53}	花园下结构楼盖设有变形缝	-1		以贯通变形缝计,每条扣减1分
保修保养 A_6	保修期限 A_{61}	承诺比最低保修期限翻一倍,但最长不超过设计使用年限	+1		最低保修期限指质量管理条例中的最小保修期限
		承诺按设计使用年限进行保修	+2		
	保修保障 A_{62}	已购买质量保险	+1		

第7章 住宅工程性能品质评价

续表

评定分类	分项	评定指标	分值	评分	备注
合计			+9		

(3)单元评定。

选择 2-3 单元(图 7.10)和 2-4 单元(图 7.11)进行评定。单元评定结果详见表 7.18。

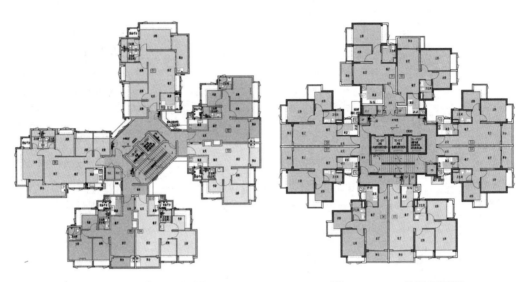

图 7.10　2-3 单元平面图　　　　图 7.11　2-4 单元平面图

表 7.18　单元评定(B)

评定分类	分项	评定指标	分值	评分 (2-3 单元)	评分 (2-4 单元)	备注
单元布局 B_1	每层户数 B_{11}	$B_{11} \leqslant 5$	+1			建筑面积小于等于 40 m² 户型数可乘以 0.5 以后参与计算 (按交通单元计算)
		$5 < B_{11} \leqslant 6$	0	0		
		$6 < B_{11} \leqslant 7$	−1			
		$7 < B_{11} \leqslant 8$	−2		−2	
		$8 < B_{11} \leqslant 10$	−3			
		$B_{11} > 10$	−4			

205

续表

评定分类	分项	评定指标	分值	评分(2-3单元)	评分(2-4单元)	备注
单元布局 B_1	梯户比 B_{12}	$B_{12} \geqslant 1/60$	+2			建筑面积小于等于40 m^2 户型数可乘以0.5以后参与计算(单元内设有公共住房时,不应小于1/100,建筑面积小于等于40 m^2 户型数占比超过50%时,可小于1/100但不应小于1/120)
		$1/80 \leqslant B_{12} < 1/60$	+1			
		$1/100 \leqslant B_{12} < 1/80$	0	0	0	
		$1/120 \leqslant B_{12} < 1/100$	−2			
		$B_{12} < 1/120$	−3			
	自然通风 B_{13}	电梯厅自然通风开口面积不小于地面面积的10%(仅对住宅标准层)	+1	+1	+1	采用消防联动的常开式防火门连通的电梯厅和过道可合并计算,分别得分
		公共过道自然通风开口面积不小于地面面积的10%(仅对住宅标准层)	+1	+1	+1	
		无法自然通风的电梯厅也未设置空调(仅对住宅标准层)	−1			
	结构转换率 B_{14}	5%<竖向结构转换率<30%	+1			此条意在鼓励适当进行结构转换以改善关键部位的建筑空间布局;竖向结构转换率指被框支柱代替的剪力墙截面与转换前全部剪力墙截面的比值
		竖向结构转换率≥30%	+2			
舒适性能 B_2	电梯轿厢 B_{21}	载重<1000 kg	−1			发现一台及以上轿厢符合此条即扣此分
		载重≥1200 kg	+1			单元轿厢全部满足此条才可得分
		每个轿厢均设置空调	+1	+1	+1	

续表

评定分类	分项	评定指标	分值	评分(2-3单元)	评分(2-4单元)	备注
舒适性能 B_2	入户大堂 B_{22}	至少设有一处主入户大堂,且使用面积≥30 m^2,重点装修并设有空调	+1	+1	+1	
		其他入户大堂使用面积≥20 m^2,装修并设有空调	+1	+1	+1	人流较多的地下室、地面层等均需设置(仅有主入户大堂的不重复得分)
	过道 B_{23}	过道长宽比>4	-1			按每直线段计算,可扣除开敞和开窗范围内的过道长度,且影响户数占比>30%时扣分
		主要过道上设有超过1步的台阶	-1			影响户数占比>30%时扣分
		过道起点和终点之间设有超过3处的转折或门洞	-1			影响户数占比>30%时扣分
		主要开敞式过道未采取有效防飘雨措施的	-1			影响户数占比>30%时扣分
	入口隐蔽 B_{24}	设在车库的电梯厅入口不朝向行车道方向,隐蔽难寻	-1			影响户数占比>30%时扣分
质量保证 B_3	全混凝土外墙 B_{31}	住宅标准层采用全混凝土外墙	+1	+1	+1	
	楼板厚度 B_{32}	住宅标准层楼板厚度不小于120 mm	+1	+1	+1	
	楼板配筋 B_{33}	住宅标准层楼板双层双向通长配筋,直径不小于8 mm,间距不大于150 mm	+1	+1	+1	
	叠合板用量 B_{34}	混凝土预制叠合板使用量不超过每层建筑面积的20%,且每个居住空间不得超过1块	+1			此条意在鼓励多做能够提升质量和效率的预制构件,减少凑分行为

续表

评定分类	分项	评定指标	分值	评分（2-3单元）	评分（2-4单元）	备注
噪声、振动污染 B_4	交通噪声影响 B_{41}	因交通噪声影响将住宅单元划入4a类声环境功能区	−1			
		因交通噪声影响将住宅单元划入4b类声环境功能区	−2			
	成品烟道外挂 B_{42}	成品烟道外挂，未设结构构件支撑和围护	−1	−1	−1	一处以上即扣分
	设备机组外装 B_{43}	送排风、排烟动力设备、冷却塔等直接落地安装在住户正上方屋面、避难层楼面	−1	−1	−1	一处以上即扣分
		送排风、排烟动力设备、冷却塔等安装在小区花园、裙房屋面等公共区域又未做有效遮蔽措施，对该单元住户造成噪音或视线干扰的	−1			影响户数占比＞30%时扣分
外立面 B_5	材质 B_{51}	采用普通外墙漆、瓷片	−1			"采用……"指使用量超过外墙装饰面积的60%
		采用真石漆	0	0	0	
		采用干挂大理石、陶板、铝板等	+1			
合计				+6	+3	

这两个单元的设计均注重舒适性，分别在车库、花园设有入户大堂，电梯厅或过道满足自然通风和采光条件，也采用了防治质量通病的相关措施，获得了相应的加分。但这两个单元存在成品烟道外挂、排油烟等设备直接放置在住宅屋面等不利因素被减分。此外，2-4单元因每层户数比2-3单元多两户，更为紧凑，舒适性稍差，因此比2-3单元少得3分。最终，两个单元评定分别为+6分和+3分。

(4)户型评定。

选择2-3单元的306户型和304户型、2-4单元的402户型和405户型进行户型评定。评定结果详见表7.19和表7.20。

表7.19　2-3单元户型评定(C)

评定分类	分项	评定指标	分值	评分(306户型)	评分(304户型)	备注
户型朝向 C_1	C_{11}	户型朝向在东偏南45°与西偏南45°范围内	+1	+1	+1	
	C_{12}	户型朝向在东偏北45°与西偏北45°范围内	−1			
	C_{13}	户型朝向在东偏北45°与西偏北45°范围内	−2			
功能布局 C_2	C_{21}	层高低于2.9 m	−1			
	C_{22}	层高大于3.0 m	+1			
	C_{23}	起居室、卧室、餐厅等主要功能空间长宽比大于2	−1			每处扣1分
	C_{24}	厨房、卫生间未设可开启外窗	−1			每处扣1分；40 m²及以下户型此条不参评
	C_{25}	起居室、卧室外窗开向凹槽或天井	−1			每处扣1分
	C_{26}	交通面积≥使用面积的1/20	−1			
	C_{27}	毛坯交付或简陋装修	−2			
	C_{28}	设2个及以上洗手间	+1	+1	+1	
	C_{29}	未设置阳台	−1			40 m²及以下户型此条不参评
	C_{210}	流线明显穿插、干扰	−1			

续表

评定分类	分项	评定指标	分值	评分（306户型）	评分（304户型）	备注
舒适性能 C_3	C_{31}	起居室、卧室、餐厅均可实现户内自然通风	+1	+1	+1	"实现户内自然通风"指无须通过户门和单元公区通风口即可组织出《夏热冬暖地区居住建筑节能设计标准》中规定的"有效通风路径"。通过凹槽的通风路径，凹槽开口朝向与路径另一端同向的，不算做有效通风路径
	C_{32}	户内自然通风路径两端开口朝向之间的夹角≥120°	+1			30%及以上居住空间满足此要求；通过凹槽的通风路径，以凹槽的开口朝向计算
			+2			60%及以上居住空间满足此要求；通过凹槽的通风路径，以凹槽的开口朝向计算
			+3	+3		90%及以上居住空间满足此要求；通过凹槽的通风路径，以凹槽的开口朝向计算
	C_{33}	起居室、卧室通风开口面积小于房间地面面积的10%（其中单一朝向的套型外窗通风开口面积小于房间地面面积的12%）	−1			每处扣1分

续表

评定分类	分项	评定指标	分值	评分（306户型）	评分（304户型）	备注
舒适性能 C_3	C_{34}	外窗采用单层玻璃,或单片厚度小于6 mm的中空玻璃	-1			包含卧室、起居室、厨房、卫生间等外窗,存在1处及以上即扣此分
	C_{35}	起居室、卧室外窗全部采用单片厚度不小于8 mm的中空玻璃	+1			如仍不能满足安全、节能、或隔声等性能要求的,此项不得分
	C_{36}	起居室、卧室外窗全部采用单片厚度不小于6 mm的中空加胶（三玻）玻璃,或三玻两腔的中空玻璃	+2			
	C_{37}	卧室紧邻电梯井道布置	-1			每处扣1分
	C_{38}	排水立管设置在室内	-1			存在1处及以上即扣此分；土建墙体围合的专有管井内的除外
	C_{39}	装修、家具材料环保性能全部达到 E_0 级	+1			
	C_{310}	采用木板、木胶板进行装修或装修打底的面积超过建筑面积的20%	-1			
通风空调 C_4	C_{41}	居住空间配置多联机（中央）空调	+1			
	C_{42}	居住空间配置新风系统	+1			
	C_{43}	为所有空调室外机设置安装检修便捷通道	+1			
家电配置 C_5	C_{51}	入户门配置生物识别智能门锁	+1	+1	+1	
	C_{52}	所有洗手间均配置智能马桶	+1			
	C_{53}	配置可视对讲系统	+1	+1	+1	

续表

评定分类	分项	评定指标	分值	评分（306户型）	评分（304户型）	备注
家电配置 C_5	C_{54}	电气分支回路数≥10	+1			
	C_{55}	除强电线路外，其他电气线路仅到入户电箱，通过无线网络连接终端	+1			
	C_{56}	配置厨房垃圾粉碎、脱水处理设备及相应升级给排水管道系统	+1			
合计				+8	+5	

表7.20 2-4单元户型评定（C）

评定分类	分项	评定指标	分值	评分（402户型）	评分（405户型）	备注
户型朝向 C_1	C_{11}	户型朝向在东偏南45°与西偏南45°范围内	+1	+1	+1	
	C_{12}	户型朝向在 C_{11} 和 C_{12} 范围以外	−1			
	C_{13}	户型朝向在东偏北45°与西偏北45°范围内	−2	−2		
功能布局 C_2	C_{21}	层高低于2.9 m	−1			
	C_{22}	层高大于3.0 m	+1			
	C_{23}	起居室、卧室、餐厅等主要功能空间长宽比大于2	−1			每处扣1分
	C_{24}	厨房、卫生间未设可开启外窗	−1			每处扣1分；40 m²及以下户型此条不参评
	C_{25}	起居室、卧室外窗开向凹槽或天井	−1			每处扣1分
	C_{26}	交通面积≥使用面积的1/20	−1			
	C_{27}	毛坯交付或简陋装修	−2			
	C_{28}	设2个及以上洗手间	+1			

续表

评定分类	分项	评定指标	分值	评分（402户型）	评分（405户型）	备注
功能布局 C_2	C_{29}	未设置阳台	−1			40 m² 及以下户型此条不参评
	C_{210}	流线明显穿插、干扰	−1			
舒适性能 C_3	C_{31}	起居室、卧室、餐厅均可实现户内自然通风	+1	+1		"实现户内自然通风"指无须通过户门和单元公区通风口即可组织出《夏热冬暖地区居住建筑节能设计标准》中规定的"有效通风路径"；通过凹槽的通风路径，凹槽开口朝向与路径另一端同向的，不算做有效通风路径
	C_{32}	户内自然通风路径两端开口朝向之间的夹角≥120°	+1			30%及以上居住空间满足此要求；通过凹槽的通风路径，以凹槽的开口朝向计算
			+2			60%及以上居住空间满足此要求；通过凹槽的通风路径，以凹槽的开口朝向计算
			+3			90%及以上居住空间满足此要求；通过凹槽的通风路径，以凹槽的开口朝向计算

续表

评定分类	分项	评定指标	分值	评分（402户型）	评分（405户型）	备注
舒适性能 C_3	C_{33}	起居室、卧室通风开口面积小于房间地面面积的10%（其中单一朝向的套型外窗通风开口面积小于房间地面面积的12%）	−1			每处扣1分
	C_{34}	外窗采用单层玻璃，或单片厚度小于6 mm的中空玻璃	−1			包含卧室、起居室、厨房、卫生间等外窗，存在1处及以上即扣此分
	C_{35}	起居室、卧室外窗全部采用单片厚度不小于8 mm的中空玻璃	+1			如仍不能满足安全、节能、或隔声等性能要求的，此项不得分
	C_{36}	起居室、卧室外窗全部采用单片厚度不小于6 mm的中空加胶（三玻）玻璃，或三玻两腔的中空玻璃	+2			
	C_{37}	卧室紧邻电梯井道布置	−1			每处扣1分
	C_{38}	排水立管设置在室内	−1			存在1处及以上即扣此分；土建墙体围合的专有管井内的除外
	C_{39}	装修、家具材料环保性能全部达到 E_0 级	+1			
	C_{310}	采用木板、木胶板进行装修或装修打底的面积超过建筑面积的20%	−1			
通风空调 C_4	C_{41}	居住空间配置多联机（中央）空调	+1			
	C_{42}	居住空间配置新风系统	+1			
	C_{43}	为所有空调室外机设置安装检修便捷通道	+1			

续表

评定分类	分项	评定指标	分值	评分（402户型）	评分（405户型）	备注
家电配置 C_5	C_{51}	入户门配置生物识别智能门锁	+1	+1	+1	
	C_{52}	所有洗手间均配置智能马桶	+1			
	C_{53}	配置可视对讲系统	+1	+1	+1	
	C_{54}	电气分支回路数≥10	+1			
	C_{55}	除强电外线路，其他电气线路仅到入户电箱，通过无线网络连接终端	+1			
	C_{56}	配置厨房垃圾粉碎、脱水处理设备及相应升级给排水管道系统	+1			
合计				+1	+3	

从户型评定的结果来看，这四个户型设计上都没有明显短板，2-3单元的306户型因朝向、通风、配置等方面的优势，评分最高，评定为+8分；2-3单元的304户型次之，评定为+5分；2-4单元的402户型和405户型作为紧凑型户型，性能和品质上与306户型和304户型相比有一定差距，评定得分别为+1分和+3分。

(5) 施工评定。

因本书著作时，该项目尚未开工，故暂时无法进行施工评定。

(6) 综合评定结果。

综合以上各分项评定，4个户型的综合得分详见表7.21。得分最高的户型为2-3单元的306户型，其得分为83分；得分最低的户型为2-4单元的402户型，其得分为73分。2-3单元的两个户型的得分都超过了80分，而2-4单元作为全小区最紧凑的单元，两个户型的得分也都超过了70分，可见，该项目整体性能和品质非常具有竞争力。

表 7.21 项目 D 综合评定结果

户型	2-3 单元 306	2-3 单元 304	2-4 单元 402	2-4 单元 405
评定遵规基础分	60	60	60	60
小区评定得分	+9	+9	+9	+9
单元评定得分	+6	+6	+3	+3
施工评定得分	—	—	—	—
户型评定得分	+8	+5	+1	+3
综合评定得分	83	80	73	75

(7) 优化建议。

①该项目的塔楼如果全部按 100 m 高度控制，做满可以做到 1643 套住宅，现在 2-3、2-4 单元的高度均超过 100 m，分别多做了一个避难层和整栋楼的喷淋系统等消防设施，然而户数仅为 1642 套，可能存在优化空间。

②两梯六户的大户型高品质单元的户梯比超过 90，高于三梯七户的单元，也高于紧凑型三梯八户的单元，可能存在等梯时间过长的问题。

③花园入户大堂、车库大堂面积若作为紧凑型小区则基本够用，但若作为舒适性高品质小区就略显小气，如果能在现有基础上适当增加面积，会显著提高楼盘品质。

④凸窗上部凹槽空间，外侧设有反坎，虽埋有泄水洞，仍有积水风险（如设计为空调位，考虑到外机散热效率，百叶窗防雨效果不会太好；如果保证百叶窗防雨效果，就会影响空调工作效率）。预留泄水洞标高很难百分百控制，且空调冷凝水管还会影响泄水洞排水效率。更严重的是，泄水洞会污染外墙面，影响外立面效果。

⑤有部分户型的空调冷凝水管绕行到室外机外侧，出凸窗后在阳台外露较长的水平管，影响美观，拉低楼盘品质。

⑥住宅外墙外挂的成品烟道未设结构构件，具有较大安全隐患，且会显著拉低楼盘品质。同时，它会加大安装施工时的高坠风险。该项在评定时是扣分项。

⑦预制凸窗水平缝处未设内高外低的企口,少了一道防渗漏防线。

⑧三个地块裙房顶板连接处的结构刚度相对薄弱,同时该位置又开有大洞,且未设缝断开,虽避免了渗漏风险,但加大了多塔结构的设计难度。该位置的下方为室外环境,对渗漏的要求并没有那么严格,实际上具备设缝条件。

7.4.5 项目 E

(1)项目概况。

项目 E 位于粤西某地,总用地面积约为 2.8 万 m²,总建筑面积约为 20 万 m²,地下 2 层(局部 3 层),地上设 1～2 层裙房和 7 座塔楼,另配建一栋 3 层幼儿园。塔楼 33～34 层,按 100 m 限高,共设计建造两房和三房户型住房 2000 套。基本情况如图 7.12 所示。

图 7.12 项目 E

(2)小区评定。

该项目周边多为城中村和工业厂房,处于 3 类声环境功能区。附近道路正在修建中,公园绿地、休闲场所、商业配套、教育资源等配置欠佳。此外,其公共区域设计上表现一般,对小区性能和品质的提升有限。经测评,该小区评定得分为 4 分。评定结果详见表 7.22。

表7.22 小区评定(A)

评定分类	分项	评定指标	分值	评分	备注
用地规划 A_1	用地面积 A_{11}/(万 m^2)	$A_{11}<1$	-2		一般以宗地面积计算,如成片开发的,可合并计算
		$1\leqslant A_{11}<2$	-1		
		$2\leqslant A_{11}<3$	0	0	
		$3\leqslant A_{11}<4$	$+1$		
		$A_{11}\geqslant 4$	$+2$		
	容积率 A_{12}	$A_{12}<4$	$+1$		以规定容积率计算
		$4\leqslant A_{12}<5$	0		
		$5\leqslant A_{12}<6$	-1	-1	
		$A_{12}\geqslant 6$	-2		
	建筑覆盖率 A_{13}	一级覆盖率>50%	-1		
		二级覆盖率>30%	-1		
	绿化覆盖率 A_{14}	$A_{14}<30\%$	-1		
		$30\%\leqslant A_{14}<40\%$	0		
		$A_{14}\geqslant 40\%$	$+1$	$+1$	
配套设施 A_2	地铁交通 A_{21}	500 m范围内设有地铁站	$+1$		已开工建设的也可得分
	教育设施 A_{22}	500 m范围内设有幼儿园	$+1$	$+1$	
		500 m范围内设有小学	$+1$	$+1$	
		1000 m范围内设有初级中学	$+1$		
	儿童活动场地 A_{23}	小区内配置面积不小于300 m^2的儿童活动场地及相应设施	$+1$	$+1$	
	老年照料设施 A_{24}	500 m范围内设有老年照料中心	$+1$	$+1$	
	公园休闲 A_{25}	500 m范围内设有面积超过1万 m^2的公园,或1000 m范围内设有面积超过2万 m^2的公园	$+1$		多个公园的面积可累加计算,已开工的可计入

续表

评定分类	分项	评定指标	分值	评分	备注
配套设施 A_2	商业配套 A_{26}	用地范围内配建面积超过1万 m^2 商业或500 m范围内设有面积超过2万 m^2 的商业	+1		成片开发的,可计入配建范围
	车位配比 A_{27}	机动车位与户数比值>1.0	+1		建筑面积小于等于40 m^2 户型数可乘以0.3以后参与配比计算;地下车库连通的,也可按连通全区域计算配比;商业车位乘以0.5以后可参与配比计算;机械车位乘以0.7以后参与计算
		0.5<机动车位与户数比值≤1.0	0	0	
		机动车位与户数比值≤0.5	−1		
声环境 A_3	声环境功能区 A_{31}	1类	+1		依据市生态环境局印发的《深圳市声环境功能区划分》,此处以用地所在功能区为准;因交通影响小区局部功能区分类调整的,详见各栋评定打分
		2类	0		
		3类	−1	−1	
绿色建筑 A_4	绿色建筑评级 A_{41}	基本级	−1		
		一星级	0	0	
		二星级	+1		
		三星级	+2		
规划设计 A_5	小区人行主入口 A_{51}	小区花园主要地面标高高出市政道路接驳处0.3~1.2 m,且可无障碍通行	+1		此条同时用于鼓励建设全埋式地下室

续表

评定分类	分项	评定指标	分值	评分	备注
规划设计 A_5	小区人行主入口 A_{51}	小区花园主要地面标高高出市政道路接驳处3 m以上,且未设电梯,或设置电梯数量明显不足的	−2		未设置无障碍电梯的等同于电梯数量明显不足
		小区及幼儿园人行主入口、花园内人车分流	+1	+1	消防车道除外
		入口处设有小区会客厅或大堂,每处面积≥30 m²,并设有足够专有电梯直达架空花园	+1		每处+1分,最多+2分;各栋独享的大堂不算
	风雨连廊 A_{52}	小区设有环形风雨连廊,可连通每栋住宅楼电梯厅及小区任一人行出入口,总长度≥300 m	+1		
		小区设有风雨连廊,可连通每栋住宅楼电梯厅及小区任一人行出入口,并可借助裙房等连通地铁站出入口	+1		
	花园变形缝 A_{53}	花园下结构楼盖设有变形缝	−1		以贯通变形缝计,每条扣减1分
保修保养 A_6	保修期限 A_{61}	承诺比最低保修期限翻一倍,但最长不超过设计使用年限	+1		最低保修期限指质量管理条例中的最小保修期限
		承诺按设计使用年限进行保修	+2		
	保修保障 A_{62}	已购买质量保险	+1		
合计				+4	

(3)单元评定。

项目共设计有7栋住宅塔楼,平面布置基本相同,因每层户数较多、电梯厅不能自然通风采光、未设入户大堂、进出电梯厅的通道不畅等问题导致扣分较多。

此外,3栋、4栋、5栋这三个单元紧邻城市主干道,声环境为4a类。本次分别选择2栋和4栋两个单元进行评定(图7.13、图7.14),评定得分分别为-2和-3分。单元评定结果详见表7.23。

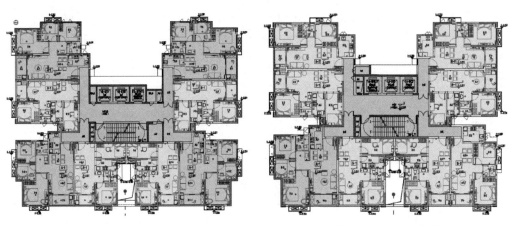

图7.13 2栋平面图　　　　　　　图7.14 4栋平面图

表7.23 单元评定(B)

评定分类	分项	评定指标	分值	评分(2栋)	评分(4栋)	备注
单元布局 B_1	每层户数 B_{11}	$B_{11} \leqslant 5$	+1			建筑面积小于等于40 m² 户型数可乘以0.5 以后参与计算。(按交通单元计算)
		$5 < B_{11} \leqslant 6$	0			
		$6 < B_{11} \leqslant 7$	-1			
		$7 < B_{11} \leqslant 8$	-2	-2	-2	
		$8 < B_{11} \leqslant 10$	-3			
		$B_{11} > 10$	-4			
	梯户比 B_{12}	$B_{12} \geqslant 1/60$	+2			建筑面积小于等于40 m² 户型数可乘以0.5 以后参与计算(单元内设有公共住房时,不应小于1/100,建筑面积小于等于40 m² 户型数占比超过50%时,可小于1/100但不应小于1/120)
		$1/80 \leqslant B_{12} < 1/60$	+1			
		$1/100 \leqslant B_{12} < 1/80$	0	0	0	
		$1/120 \leqslant B_{12} < 1/100$	-2			
		$B_{12} < 1/120$	-3			

续表

评定分类	分项	评定指标	分值	评分(2栋)	评分(4栋)	备注
单元布局 B_1	自然通风 B_{13}	电梯厅自然通风开口面积不小于地面面积的10%（仅对住宅标准层）	+1			采用消防联动的常开式防火门连通的电梯厅和过道可合并计算，分别得分。
		公共过道自然通风开口面积不小于地面面积的10%（仅对住宅标准层）	+1			
		无法自然通风的电梯厅也未设置空调（仅对住宅标准层）	-1			
	结构转换率 B_{14}	5%＜竖向结构转换率＜30%	+1			此条意在鼓励适当进行结构转换以改善关键部位的建筑空间布局。竖向结构转换率指被框支柱代替的剪力墙截面与转换前全部剪力墙截面的比值
		竖向结构转换率≥30%	+2			
舒适性能 B_2	电梯轿厢 B_{21}	载重＜1000 kg	-1			发现一台及以上轿厢符合此条即扣此分
		载重≥1200 kg	+1			单元轿厢全部满足此条才可得分
		每个轿厢均设置空调	+1	+1	+1	
	入户大堂 B_{22}	至少设有一处主入户大堂，且使用面积≥30 m²，重点装修并设有空调	+1			人流较多的地下室、地面层等均需设置（仅有主入户大堂的不重复得分）
		其他入户大堂使用面积≥20 m²，装修并设有空调	+1			

续表

评定分类	分项	评定指标	分值	评分(2栋)	评分(4栋)	备注
舒适性能 B_2	过道 B_{23}	过道长宽比>4	−1			按每直线段计算,可扣除开敞和开窗范围内的过道长度,且影响户数占比>30%时扣分
		主要过道上设有超过1步的台阶	−1	−1	−1	影响户数占比>30%时扣分
		过道起点和终点之间设有超过3处的转折或门洞	−1			影响户数占比>30%时扣分
		主要开敞式过道未采取有效防飘雨措施的	−1			影响户数占比>30%时扣分
	入口隐蔽 B_{24}	设在车库的电梯厅入口不朝向行车道方向,隐蔽难寻	−1			影响户数占比>30%时扣分
质量保证 B_3	全混凝土外墙 B_{31}	住宅标准层采用全混凝土外墙	+1	+1	+1	
	楼板厚度 B_{32}	住宅标准层楼板厚度不小于120 mm	+1			
	楼板配筋 B_{33}	住宅标准层楼板双层双向通长配筋,直径不小于8 mm,间距不大于150 mm	+1			
	叠合板用量 B_{34}	混凝土预制叠合板使用量不高于每层建筑面积的20%,且每个居住空间不得超过1块	+1			此条在于鼓励多做能够提升质量和效率的预制构件,减少凑分行为
噪声、振动污染 B_4	交通噪声影响 B_{41}	因交通噪声影响将住宅单元划入4a类声环境功能区	−1		−1	
		因交通噪声影响将住宅单元划入4b类声环境功能区	−2			

续表

评定分类	分项	评定指标	分值	评分(2栋)	评分(4栋)	备注
噪声、振动污染 B_4	成品烟道外挂 B_{42}	成品烟道外挂,未设结构构件支撑和围护	-1			一处以上即扣分
	设备机组外装 B_{43}	送排风、排烟动力设备、冷却塔等直接落地安装在住户正上方屋面、避难层楼面	-1			一处以上即扣分
		送排风、排烟动力设备、冷却塔等安装在小区花园、裙房屋面等公共区域又未做有效遮蔽措施,对该单元住户造成噪音或视线干扰的	-1			影响户数占比>30%时扣分
外立面 B_5	材质 B_{51}	采用普通外墙漆、瓷片	-1	-1	-1	"采用……"指使用量超过外墙装饰面积的60%
		采用真石漆	0			
		采用干挂大理石、陶板、铝板等	+1			
合计				-2	-3	

（4）户型评定。

项目共设计有 3 个户型,即 89 m² 的三房 A1 户型、69 m² 的两房 B1 户型和 B2 户型。A1、B2 户型在端头,通风采光较好,B1 户型在中间,仅能通过凹槽通风采光,品质较低。三个户型因朝向不同得分略有差别。另外,由于项目采用毛坯交付,因此被扣减 2 分。分别选择 4 栋的西向 B1 户型和 2 栋的南向 A1 户型进行评定,两个户型评定得分分别为 -4 和 +2 分。评定结果详见表 7.24。

表 7.24 户型评定(C)

评定分类	分项	评定指标	分值	评分(B1户型)	评分(A1户型)	备注
户型朝向 C_1	C_{11}	户型朝向在东偏南45°与西偏南45°范围内	+1		+1	
	C_{12}	户型朝向在东偏北45°与西偏北45°范围内	−1	−1		
功能布局 C_2	C_{21}	层高低于2.9 m	−1	−1	−1	
	C_{22}	层高大于3.0 m	+1			
	C_{23}	起居室、卧室、餐厅等主要功能空间长宽比大于2	−1			每处扣1分
	C_{24}	厨房、卫生间未设可开启外窗	−1			每处扣1分;40 m² 及以下户型此条不参评
	C_{25}	起居室、卧室外窗开向凹槽或天井	−1	−1		每处扣1分
	C_{26}	交通面积≥使用面积的1/20	−1			
	C_{27}	毛坯交付或简陋装修	−2	−2	−2	
	C_{28}	设2个及以上洗手间	+1			
	C_{29}	未设置阳台	−1			40 m² 及以下户型此条不参评
	C_{210}	流线明显穿插、干扰	−1			
舒适性能 C_3	C_{31}	起居室、卧室、餐厅均可实现户内自然通风	+1		+1	"实现户内自然通风"指无须通过户门和单元公区通风口即可组织出《夏热冬暖地区居住建筑节能设计标准》中规定的"有效通风路径";通过凹槽的通风路径,凹槽开口朝向与路径另一端同向的,不算做有效通风路径

225

续表

评定分类	分项	评定指标	分值	评分（B1户型）	评分（A1户型）	备注
舒适性能 C_3	C_{32}	户内自然通风路径两端开口朝向之间的夹角≥120°	+1			30%及以上居住空间满足此要求；通过凹槽的通风路径，以凹槽的开口朝向计算
			+2		+2	60%及以上居住空间满足此要求；通过凹槽的通风路径，以凹槽的开口朝向计算
			+3			90%及以上居住空间满足此要求；通过凹槽的通风路径，以凹槽的开口朝向计算
	C_{33}	起居室、卧室通风开口面积小于房间地面面积的10%（其中单一朝向的套型外窗通风开口面积小于房间地面面积的12%）	-1			每处扣1分
	C_{34}	外窗采用单层玻璃，或单片厚度小于6 mm的中空玻璃	-1			包含卧室、起居室、厨房、卫生间等外窗，存在1处及以上即扣此分
	C_{35}	起居室、卧室外窗全部采用单片厚度不小于8 mm的中空玻璃	+1			如仍不能满足安全、节能、或隔声等性能要求的，此项不得分
	C_{36}	起居室、卧室外窗全部采用单片厚度不小于6 mm的中空加胶（三玻）玻璃，或三玻两腔的中空玻璃	+2			

续表

评定分类	分项	评定指标	分值	评分（B1户型）	评分（A1户型）	备注
舒适性能 C_3	C_{37}	卧室紧邻电梯井道布置	-1			每处扣1分
	C_{38}	排水立管设置在室内	-1			存在1处及以上即扣此分；土建墙体围合的专有管井内的除外
	C_{39}	装修、家具材料环保性能全部达到 E_0 级	$+1$			
	C_{310}	采用木板、木胶板进行装修或装修打底的面积超过建筑面积的20%	-1			
通风空调 C_4	C_{41}	居住空间配置多联机（中央）空调	$+1$			
	C_{42}	居住空间配置新风系统	$+1$			
	C_{43}	为所有空调室外机设置安装检修便捷通道	$+1$			
家电配置 C_5	C_{51}	入户门配置生物识别智能门锁	$+1$			
	C_{52}	所有洗手间均配置智能马桶	$+1$			
	C_{53}	配置可视对讲系统	$+1$	$+1$	$+1$	
	C_{54}	电气分支回路数≥10	$+1$			
	C_{55}	除强电线路外，其他电气线路仅到入户电箱，通过无线网络连接终端	$+1$			
	C_{56}	配置厨房垃圾粉碎、脱水处理设备及相应升级给排水管道系统	$+1$			
合计				-4	$+2$	

(5)施工评定。

因本书著作时,该项目尚未开工,故暂时无法进行施工评定。

(6)综合评定结果。

综合以上各分项评定,2个户型的综合得分详见表7.25。2栋的南向A1户型综合得分为64分,4栋的西向B1户型综合得分为57分。

表7.25 项目E综合评定结果

户型	2栋A1户型	4栋B1户型
评定遵规基础分	60	60
小区评定得分	+4	+4
单元评定得分	−2	−3
施工评定得分	—	—
户型评定得分	+2	−4
综合评定得分	64	57

(7)原因分析。

①从评定结果来看,该项目的小区评定得分为+4分,虽然不高,但仍为正分,表明该小区客观条件还算可以;单元评定均为扣分,表明单元公共区域的设计品质较低;户型评定中,最好户型为+2分,最差户型为−4分,差距较大。

②项目每层户数较多,电梯厅不能自然通风、采光,未设入户大堂,进出电梯厅的通道不畅,外墙采用普通涂料,小区临主干道为4a声环境,上述这些原因为该项目单元评定的主要扣分项。另外,项目未执行深圳质量通病防治的"质量管控二十条",也错过几个加分。单元评定是该项目与其他类似项目拉开差距的主要地方。

③项目住宅层高只有2.8 m,同时采用毛坯交付,且凹槽为房间唯一开窗方向,东西向户型占据小区半数以上。上述这些原因导致该项目户型评定被扣分。此外,项目外窗玻璃规格及设施配置标准不高,因此未获加分。

后记

俯瞰万千工程,仰望百家工匠!由于工作上的便利,我有机会深入一线了解各种类型、各种层次、各个建设阶段的住房项目,收集了来自住宅建设职业经理人、设计师、建设者们的意见反馈,也有幸得到一些行业专家、工匠大师的悉心指点;尤其是在近几年的住房交付环节经历了一些事件,处理了一些问题,触发了一些思考。也在单位员工培训、技术政策宣贯、行业发展论坛等多种场合进行了十几场的学术讲座,将讲座的内容归纳总结,汇编成册,便成了这本书。书中没有高深的理论,讲述的多是来自一线的问题,只是从不同的角度去研究,于是就有了些发现。

本书交稿时,我还准备了一个第8章,命名为"交付纷争",详细讲述了近年来住宅项目交付时的一些典型争议。这些争议往往由同一项目的部分购房者针对某个问题集体提出质疑,引发激烈讨论,有的进一步演变为群体性事件,最后主管部门介入调查处理。虽然,事情的起因很多都来自于本书相关章节所述问题,但往往也掺杂一些市场的因素在里面,情况越来越复杂,仅凭一个章节确实很难讲深讲透。因此,出版社的编辑老师们建议另外再策划一本书,系统性专门来讲。我觉得也有道理,所以读者朋友们暂时读不到这部分内容。

做技术研究是枯燥的,写作更是孤独。为了准备一个讲座,往往需要提前数周开始选主题、找资料、做课件。有时候为了求证一个假设,几乎翻遍所有手头资料,跑遍所能联系到的所有同类型项目,再找专家、大师们请教。多少个周末、节假日,还有工作日的夜晚,都在伏案疾书,甚至于在外出的车上、高铁上、飞机上都会用手机继续书写,回来后再誊于书稿中。终于,聚沙成塔,积水成渊,汇集散落的只言片语,逐渐有了书的样子。整理资料的同时,不但理顺了书的逻辑,还梳理了自己的思绪,也许就是那句"源于热爱,情系责任"吧!